MEIN HUND MACHT NICHT, WAS ER SOLL

ALLTAGSPROBLEME EINFACH LÖSEN

Katharina Henff

MEIN HUND MACHT NICHT, WAS ER SOLL

ALLTAGSPROBLEME EINFACH LÖSEN

CADMOS

IMPRESSUM

Gestaltung und Satz: Pinkhouse Design, Wien
Titelgestaltung und Layout: www.ravenstein2.de
Coverfoto: Madeleine Franck
Fotos im Innenteil: Katharina Henf, sofern nicht anders angegeben
Lektorat: Dorothea von der Höh
Druck: Westermann Druck, Zwickau

Deutsche Nationalbibliothek – CIP-Einheitsaufnahme
Die Deutsche Nationalbibliothek verzeichnet diese Publikation in der Deutschen Nationalbibliografie; detaillierte bibliografische Daten sind im Internet über http://dnb.ddb.de abrufbar.

Printed in Germany

ISBN: 978-3-8404-2034-4

INHALT

(Foto: Shutterstock.com/Yuri Kravchenko)

(Foto: Shutterstock.com/Pressmaster)

EINFÜHRUNG

Hunde als Familienmitglieder – eine Lebenseinstellung

Hunde und Menschen haben eine gemeinsame spannende Geschichte. Zunächst nur „Resteverwerter" erster menschlicher Siedlungen, wurde der Hund im Laufe der Zeit ein wichtiger Begleiter mit ernst zu nehmenden Aufgaben. Spezialisierungen bildeten sich heraus und wurden zu Zuchtkriterien. So entwickelten sich Hütehunde, Wachhunde, Treibhunde, Apportierhunde, Herdenschutzhunde, Vorstehhunde, Rattenfänger und viele Arbeitsschläge mehr. Auch den einen oder anderen reinen Gesellschaftshund mit längerer Geschichte gibt es inzwischen.

Das Verhältnis von Mensch und Hund war an vielen Orten geprägt von Nützlichkeit. Heute sieht diese Beziehung vielfach anders aus. Die anpassungsfähige Spezies Hund erfreut sich neuer Aufgaben, allen voran, ein liebevoller Familienhund zu sein. Und auch der Mensch ist anpassungsfähig und muss heute kein Rudelführer mehr sein. Stattdessen darf er Schutz und Fürsorge für ein vierbeiniges Familienmitglied übernehmen. Seine Rolle ist der Idee einer Hunde-Elternschaft ähnlicher denn je.

Daraus ergeben sich zahlreiche Chancen und Risiken zugleich. Der große Vorteil einer Vermenschlichung des Hundes für alle Seiten ist das Wiedererkennen von

Hunde sind heutzutage mehr als nur Haustiere: Sie sind echte Familienmitglieder!

Emotionen, Gefühlen und Stimmungen, und damit entstehen bessere Möglichkeiten für den Menschen, Verständnis aufzubringen und Bedürfnisse wahrzunehmen und zu befriedigen. Die Nachteile einer Vermenschlichung können allerdings verheerend sein. So sind die Emotionen des Hundes meist ursprünglich, natürlich, direkt und ohne Hintergedanken. Das oft hineininterpretierte schlechte Gewissen oder böswillig geplante Weltherrschaftsbestrebungen kennt der Hund nicht.

Sie dürfen sich also frei machen von der Pflicht der Rudelherrschaft und einfach „Hunde-Eltern" sein. Und genau diese Tatsache ist in Hundehalterkreisen zur echten Lebenseinstellung geworden.

SANFTE ERZIEHUNG MIT POSITIVEN MITTELN

Die Methodenvielfalt im Hundetraining gleicht einem Dschungel, in dem sich viele Hundehalter nicht mehr zurechtfinden. Vielleicht wissen auch Sie nicht wirklich, was sich hinter den jeweiligen Strömungen verbirgt? Im großen Bereich der positiven Verstärkung sind Sie als „Hunde-Eltern" schon einmal angekommen, und dazu darf ich Sie und Ihren Hund herzlich beglückwünschen!

Was spricht für eine sanfte Erziehung? Die theoretische Grundlage hinter der positiven Verstärkung im Hundetraining ist die Erkenntnis, dass Lernen am Erfolg langfristig gesehen zielorientierter ist als Lernen am Misserfolg. Der Hund wird freiwillig immer wieder Angebote machen, die Ihnen gefallen, wenn Sie genau diese belohnen. Sie haben es viel einfacher, wenn Ihr Hund und Sie dasselbe möchten, statt darüber zu diskutieren, was Ihr Hund eigentlich anders machen soll. Legen Sie den Fokus darauf, was Sie und Ihr Hund können, und nicht darauf, was Sie beide noch nicht können; dann kommen Sie zu einer positiveren Lebenseinstellung.

Ihr Hund trifft wahrscheinlich von Ihnen unbemerkt immer wieder sehr gute Entscheidungen, die viele Hundebesitzer einfach umkommentiert verpuffen lassen. Genau diese guten Entscheidungen mit den dazugehörigen Verhaltensweisen sind jedoch absolut lobenswert und sollten von Ihnen positiv wahrgenommen und verstärkt werden.

Belohnen beeinflusst aber nicht nur Verhalten, sondern auch Emotionen. Orte, Personen, Umstände und Situationen können im Hund unangenehme Gefühle hervorrufen, das ist übrigens beim Menschen nicht anders. Denken Sie an Ihren letzten Zahnarztbesuch und überlegen Sie, wie Sie sich fühlen. Dann denken Sie an den letzten Sonnenuntergang, den Sie in aller Ruhe betrachten konnten, und versuchen Sie nachzufühlen, wie es Ihnen bei diesem Anblick ging. Ich vermute, Ersteres werden viele als eher unangenehm abgespeichert haben, das Zweite als angenehm.

Viele unerwünschte Verhaltensweisen beim Hund entstehen aus einem ungünstigen Gefühl heraus. Hier ein Beispiel: Vielleicht hat der Hund einmal große Angst vor anderen Hunden gehabt (warum, ist erst mal irrelevant) und irgendwann beschlossen, Angriff sei die beste Verteidigung. Mögliches Ergebnis: Unruhe, Nervosität,

Ihr Hund wird es Ihnen danken, wenn Sie gewaltfrei mit ihm trainieren!

Bellen und Scheinattacken an der Leine beim Anblick anderer Hunde. Die Ursache für das unerwünschte Verhalten ist damit eine unangenehme Emotion. Für uns im Training heißt das, dass es effektiv sein wird, die Gefühlswelt des Hundes zu beeinflussen, um damit als logische Folge das Verhalten zu verändern.

In der Praxis gehen die Empfehlungen von Hundetrainern allerdings oft in eine andere Richtung. Von sogenannten Alpha-Würfen, Stachelhalsbändern und Leinenrucken mag ich eigentlich gar nicht schreiben, aber leider ist das immer noch die Realität. Strafe kann aber das Problem noch massiv verschlimmern, denn der Hund fühlt sich damit noch schlechter und elender, womit wir zum dritten Argument für eine sanfte Erziehung kommen: eine positive Beziehung zwischen Hund und Mensch als Ziel! Eine Belohnung (und ebenso eine Strafe) wird auch immer mit dem Menschen verknüpft, der sie ausführt. Schauen wir uns das Beispiel noch einmal an: Der Hund hat Angst vor fremden Hunden, und diese Angst verselbstständigt sich zum beschriebenen Begegnungsproblem. Reagiert der Mensch darauf mit einem positiv orientierten Lösungsweg (siehe Kapitel „Mein Hund pöbelt Artgenossen an!"), macht er sich zu einer Art Anker in der Not, einer Instanz der Sicherheit und des Schutzes. Die Vertrauensbasis wird weiter ausgebaut. Reagiert der Mensch mit strafbasiertem Training, tritt genau das Gegenteil ein. Das Symptom wird man mit Strafe irgendwie verringern (ansonsten wäre Strafe heutzutage ja längst abgeschafft), aber für wie lange und um welchen Preis? Und die eigentliche Frage, die sich jeder selbst stellen sollte, ist: Was für eine Beziehung möchte ich zu meinem Hund? Und welche Rolle hat jeder Einzelne in dieser Beziehung? Möchte ich selbst ein autoritärer Befehlsgeber sein und einen kleinen Soldaten erziehen, der kuscht und aus Angst vor mir gehorcht? Oder möchte ich einen in sich ruhenden Hund, der mir vertraut und selbst entscheiden kann, sich so zu verhalten, dass alle damit glücklich sind? Ich denke, Sie als „Hunde-Eltern" werden sich so entscheiden, dass Ihnen dieses Buch viel Freude bereitet!

Aber noch einmal ganz abgesehen von allen Argumenten: Mir persönlich bringt es einfach riesengroßen Spaß, meinem Hund zu sagen, wie toll er ist, und ihn immer wieder zu belohnen! Mit Loben und Belohnen kann man grundsätzlich nichts Schlimmes bewirken. Natürlich kommt es dann auch auf das „Wie" und „Wann" an, um echten Erfolg zu haben und nicht aus Unwissenheit doch etwas zu verstärken, was eigentlich nicht das Ziel war.

Was positive Verstärkung konkret im Alltag heißt, lesen Sie im Praxisteil des Buches: „Typische Hundeprobleme und mögliche Lösungen".

WARUM BEREITEN HUNDE UNS OFT PROBLEME?

Noch einmal: Hunde handeln natürlich, ursprünglich, direkt und ohne Hintergedanken. Ich meine, dass wir Menschen im Vergleich zu Hunden ziemlich „verkopft" sind. Oft liest oder hört man, dass Hunde dieses oder jenes Problemverhalten zeigen, weil „ihnen der nötige Respekt vor dem Menschen fehlt", weil „der Mensch nicht zeigt, wer das Sagen hat" oder weil „der Hund die Rudelführung an sich genommen hat". Solche Begründungen halte ich für schlichtweg falsch und nicht tragbar. Rudel- und Dominanztheorien halten sich seit vielen Jahren in der Gesellschaft, obwohl sie von vielen Wissenschaftlern und praktischen Trainern längst infrage gestellt und widerlegt worden sind. So zum Beispiel auch kurz dargestellt von Rolf C. und Madeleine Franck in ihrem Buch *Das Blauerhund®-Konzept, Teil 1.*

Für mich viel logischer, einleuchtender und passender zu meinen Erfahrungen sind andere Erklärungsmodelle. Die richtige Antwort auf die Frage, warum Hunde Problemverhalten zeigen, ist in meinen Augen: „Weil es sich für sie lohnt!" So einfach ist in der Regel jedes Problemverhalten zu erklären, auch wenn dadurch eine weitere Frage entsteht: Warum lohnt es sich denn für sie? Und diese Antwort kann bei jedem Problem und jedem Hund unterschiedlich ausfallen.

Ein ganz einfaches Beispiel: Sie haben Ihren Hund an der Leine und treffen unterwegs jemanden, mit dem Sie kurz sprechen möchten. Sie halten an und Ihr Hund langweilt sich ein wenig. Anstatt Ihren Hund zu loben, wenn er brav wartet, sind Sie so in das Gespräch vertieft, dass Sie leider immer erst reagieren, wenn Ihr Hund Sie vor Langeweile anbellt. Um den Hund zu beruhigen, geht Ihr Griff in die Futtertasche und Sie erreichen erst mal das kurzfristige Ziel, den Hund ruhig zu stellen. Somit hat Ihr Hund gelernt, bei Langeweile mit Bellen zu reagieren, denn es hat sich für ihn gelohnt.

Und ein etwas komplexeres Beispiel: Ein Hund liebt es, mit anderen Hunden zu spielen, und freut sich riesig, andere Hunde zu treffen. In vielen Fällen darf er auch direkt losflitzen zum Spielen, in sehr wenigen Fällen nicht. Irgendwann kippt die Situation um: Der Hund pöbelt andere Hunde an, sobald er an der Leine ist und nicht an die Hunde heran darf. Was ist passiert? Vermutlich hat der Hund eine extrem positive Erwartungshaltung gegenüber anderen Hunden aufgebaut (frei nach dem Motto: Hunde sind zum Begrüßen und Spielen da).

Sobald er aber nicht heran darf, baut sich Frust auf. Der Mensch erkennt dies oft sehr spät, sodass sich die Frustration von Begegnung zu Begegnung steigert. Irgendwann ist das Maß voll, der Hund explodiert und entlädt seine Frustration über einen Pöbelanfall. Während der Hund sich seinen Frust von der Seele bellt, fühlt er sich erleichtert. Wir wissen, dass die Definition von Belohnung im Training wie folgt lautet: Belohnung führt zu einer individuellen Verbesserung einer spezifischen Situation. Das Gefühl der Erleichterung ist genau eine solche Verbesserung. Damit ist das Pöbeln – beziehungsweise das

Zieht der Hund an der Leine und kommt so ans Ziel, ist das Ziehen selbstbelohnend.

Gefühl der Erleichterung beim Pöbeln – die Belohnung für das Pöbeln selbst. Ein Teufelskreis, den man nur mit guten Alternativen unterbrechen kann.

Wenn man jedes in unseren Augen problematische Verhalten so aufschlüsselt, kommt man seiner Lösung auf die Spur. Die Frage lautet damit: Welche Art von Verstärker hält das Problem aufrecht?

Ein weiterer Aspekt kommt bei der Frage nach dem „Warum lohnt sich ein Problemverhalten?" zum Tragen, nämlich die Frage, ob der Hund in der Lage ist, in der problematischen Situation klar zu denken. Es gibt bestimmte Stufen von Aufregung, in denen Hunde nicht mehr ansprechbar wirken. In einem solchen Erregungszustand sind sie auch nicht bereit für effektives Training. Eine Ursache für problematisches Verhalten kann also durchaus ein zu hoher Erregungszustand sein, der damit eine zugrunde liegende Emotion erst recht nach oben transportiert. In solchen Fällen müssen Trainingsräume geschaffen werden, in denen der Hund sich nicht so sehr aufregt oder in denen es gelingt, den Hund zu beruhigen.

Schließlich dürfen wir auch nicht vergessen, dass viele Unstimmigkeiten zwischen Hund und Mensch entstehen, wenn beide Individuen unterschiedliche Dinge möchten. Ein Hund versteht nicht, dass er jetzt lieber an der Leine gehen sollte, weil direkt neben dem Weg eine stark befahrene Straße verläuft. Für uns Menschen ist diese Tatsache aber logisch.

Unsere Aufgabe sollte es sein, unserem Hund genau die Dinge attraktiv zu machen, die auch wir gut finden. Der Hund wird dadurch freiwillig genau die Entscheidungen treffen, die zu einem entspannten Zusammenleben führen. Läuft der Hund gern an lockerer Leine, zieht er nicht. Kommt der Hund gern zu uns, lässt er sich auch aus schwierigen Situationen abrufen. Hat der Hund keine Angst vor neuen Dingen, braucht er Unbekanntes im Alltag nicht anzuknurren. Mit anderen Worten: Je mehr Stabilität Sie ihm bieten und je besser Sie schauen, welche Verstärker automatisch wirken und wie Sie diese bewusst streichen oder auch einsetzen können, desto schneller werden Sie sich mit Ihrem Hund einig.

IST MEIN HUND GLÜCKLICH?

Damit ein Hund all die Dinge in unserem menschlichen Alltag bewältigen kann, die wir ihm als Aufgaben stellen, muss er ein ausgefülltes Leben haben. Was das genau ist, bestimmt dabei zu einem Teil der Hund selbst, abhängig von Temperament und Charakter. Bestimmte Anteile können wir aber auch als Menschen beeinflussen und steuern.

Wenn wir zehn Hunde befragen könnten, was alles für sie wichtig ist, kämen dabei zehn unterschiedliche Listen mit verschiedenen Schwerpunkten heraus. Auf allen Listen würden Dinge stehen, die mit dem grundsätzlichen Überleben zu tun haben, also zum Beispiel schlafen, trinken, fressen, irgendeine Art von sozialer Interaktion und sein Geschäft erledigen. Darüber hinaus aber gibt es völlig unterschiedliche Vorzüge und Neigungen.

Würde man meine Hündin Sally fragen, käme wahrscheinlich ganz weit oben auf der Top-10-Liste das Stichwort „Rennen“. Es ist schon erstaunlich, wie gern dieser Hund auch ohne Ziel galoppiert. Sie kann stundenlang laufen, auch ohne ein Stück Wild in Sicht oder eine Spur in der Nase. Meine Hündin Lane hingegen würde ganz weit oben das Stichwort „Kuscheln“ ansetzen. Selbst wenn es turbulent hergeht, legt sie großen Wert darauf, mindestens einmal am Tag eine richtige Kuscheleinheit zu bekommen.

Es kann auch für Sie eine spannende Aufgabe sein, einmal genau zu überprüfen, was Ihrem Hund wichtig ist. Die Rasse oder auch die Mischung kann dabei auf die richtige Spur führen, aber viel wichtiger ist das Individuum. Auch meine Hunde gehören derselben Rasse an und haben ziemlich unterschiedliche Listen. Wenn Sie es herausgefunden haben, können Sie hervorragend kontrollieren, ob die Möglichkeit, Vorlieben auszuleben oder sie nicht ausleben zu können, einen Einfluss auf das problematische Verhalten Ihres Hundes hat. Rennt Ihr Hund so gern wie meine Sally, aber Sie führen ihn tagtäglich ausschließlich an der kurzen Leine in langsamem Tempo Gassi, hat Ihr Hund nur zwei Chancen, darauf zu reagieren: Entweder er resigniert und fällt in eine Depression, oder aber er versucht, sich das, was ihm fehlt, anderweitig zu holen. Er sucht sich seinen Kick vielleicht darin, im Garten Kaninchen zu jagen, oder er fängt an, sich über andere Hunde aufzuregen, um irgendetwas zu erleben. Der Hund ist mit seiner Lebenssituation nicht glücklich, woraus dann Problemverhalten entsteht oder verschlimmert werden kann.

Wir Menschen haben dem Hund gegenüber einen wichtigen Vorteil: Zu einem großen Teil können wir unser Leben selbst gestalten. Wir können entscheiden, wie wir mit der Tatsache umgehen, dass wir eine bestimmte Neigung nicht (mehr) ausleben können, zumindest haben wir eine Chance, auf „verkopftem" Weg darüber nachzudenken und zu sprechen. Der Hund hingegen muss das nehmen, was er bekommt, da wir seinen Tagesablauf für ihn gestalten. Als „Hunde-Eltern" sind wir damit in der Verantwortung, immer wieder zu überlegen, ob der Hund das bekommt, was er braucht, und gegebenenfalls etwas am Alltag zu verändern. Das sollten Sie vor allem tun, wenn Ihr Hund für Sie problematisches Verhalten zeigt, das Sie langfristig verändern wollen.

Aber aufgepasst: Nicht alle Bedürfnisse des Hundes lassen sich ohne Weiteres befriedigen. Ich denke, die wenigsten von uns können und wollen einem echten Jagdhund eine freie Hatz zum Ausrennen bieten. Ebenso können nicht viele Menschen dem Border Collie Schafe in den Garten stellen (was ohnehin in der Regel keine Lösung für alle Beteiligten ist). Die Frage, die man sich in einem solchen Fall stellen sollte, ist: Wie kann ich die Anlagen des Hundes geschickt in eine Richtung lenken, die uns beiden Spaß macht?

Für fast alle Neigungen findet sich eine Ersatzlösung. Für den Jagdhund könnte es zum Beispiel die Fährtenarbeit sein, für den Border Collie das Longiertraining. Die Auswahl an Beschäftigungsmöglichkeiten ist groß, und in der Regel findet man etwas, das Hund und Mensch gemeinsam glücklich macht.

Der „Dackelbaum": Wie schön, wenn ein Hund seinem natürlichen Buddeldrang nachgeben darf!

Aber auch in der Ruhe liegt die Kraft! Immer wieder begegnen mir Hunde im Training, bei denen man schnell das Gefühl bekommt, dass dort zwar für Ersatzprogramm gesorgt wird, aber leider keine Möglichkeit zum Entspannen und Ausruhen geboten wird. Ich erinnere mich noch heute an die netten Gespräche mit dem Züchter meiner ersten Border-Collie-Hündin, der mir in diese Richtung die Augen geöffnet hat. Einer der ersten klugen Sprüche, die er uns damals mit auf den Weg gab, war: „Hunde sind Schlaftiere. 22 Stunden des Tages dösen und ruhen sie, zwei Stunden sind sie aktiv. Haben sie zu viel Ruhe, drehen sie durch, haben sie zu wenig Ruhe, drehen sie noch mehr durch." Über die genauen Stundenzahlen kann man sich sicher von Hund zu Hund streiten, aber die grundsätzliche Kraft hinter dieser Aussage ist klar. Hunde brauchen im Verhältnis zum Menschen viel längere Ruhephasen, um zu regenerieren und ausgeglichen und gut gelaunt zu sein. Auch dafür müssen Sie als gute „Hunde-Eltern" Sorge tragen, selbst wenn Ihr junger Australian Shepherd den Anschein macht, er würde das anders sehen.

Beobachten Sie Ihren Hund genau und finden Sie heraus, ob er glücklich ist. Wenn Sie das Gefühl haben, er ist es nicht, ändern Sie etwas daran! Machen Sie sich Gedanken um Ernährung, Sozialkontakte, Schlafzeiten, die richtige Beschäftigung, die Gesundheit und natürlich um die familiäre Sicherheit, die Sie ihm bieten. Ein allgemein gültiges Rezept zum Glücklichsein gibt es nicht, aber immerhin engagierte „Hunde-Eltern", die auf der Suche nach dem richtigen Rezept für ihren eigenen Hund sind.

Wie sag ich's meinem Hund?

Wir sprechen nicht hündisch, und das müssen wir auch nicht. Wir sind Menschen und keine Hunde. Das wissen unsere Hunde übrigens auch sehr gut. Dennoch ist ein Einblick in die sprachlichen Möglichkeiten unserer Hunde sehr hilfreich, um sie zu verstehen und auf sie einzugehen.

Es bleibt immer eine Frage der Interpretation eines jeden Einzelnen, wie wir welches Zucken, Wedeln, schiefes Gucken und Winseln deuten und wie dann damit umzugehen ist. Klassischerweise schaut man auf die gesamte Körperhaltung (zum Beispiel nach vorn gelehnt, tief geduckt, steif, aufgerichtet), auf die Augen (etwa weit aufgerissen, viel „Weiß" zu sehen, zusammengekniffen), das Maul (offen, hochgezogene Lefzen, zugeklemmt, grinsend oder anderes), die Ohren (beispielsweise nach vorn aufgerichtet, eng angelegt, nach hinten geklappt) und auch auf die Rute (im Bogen getragen bis zu den Ohren, unter dem Bauch, steif gerade nach hinten oder anders).

Sie werden bei genauem Beobachten feststellen, dass der Hund vor problematischem Verhalten immer auf ähnliche Weise körperlich reagiert. Haben Sie erst einmal diese körpersprachlichen Gemeinsamkeiten der jeweiligen Situationen herausgefunden, können Sie von Situation zu Situation früher reagieren, um Gegenmaßnahmen einzuleiten. Genaues Hinsehen lohnt sich also, denn Sie sind damit handlungsfähiger.

Was ein Mensch aus Hundesicht körpersprachlich beherrschen sollte, sind Bewegungen der Deeskalation, also Bewegungen der Konfliktvermeidung: das Abwenden des Gesichts, das Schauen auf den Boden, Bewegungen weg vom Hund (nicht auf den Hund zu), das Wegdrehen des ganzen Körpers oder auch das Einziehen der Schultern. Mehr braucht es nicht, denn Bedrohen und Einschüchtern stehen nicht auf dem Lernprogramm guter „Hunde-Eltern".

CLICKERTRAINING/MARKERTRAINING

Die einfachste, freundlichste und effektivste Art, dem Hund zu vermitteln, was wir von ihm möchten, ist ein klares, zeitlich passendes positives Feedback für erwünschte Verhaltensweisen. Das ist ein eher menschlicher Ansatz, aber da der Hund genau weiß, dass wir Menschen sind, ist das völlig in Ordnung.

Echte Hilfsmittel im Einsatz sind dabei die sogenannten Markersignale. Sie markieren genau den richtigen Moment, in dem das Lob erfolgen soll, um dem Hund dann die „echte" Belohnung in Ruhe zukommen zu lassen.

Ein inzwischen sehr populäres Markersignal ist die Weiterentwicklung des Knackfrosches, der sogenannte Clicker, aber auch markante Wörter (zum Beispiel „Tic", „Click", „Ding" oder „Dong") werden häufig benutzt.

Der Clicker hat gegenüber einem gesprochenen Wort den Vorteil, dass er immer neutral klingt (auch wenn wir mal nicht so gut gelaunt sind) und aus den Alltagsgeräuschen deutlicher heraussticht. So reagieren viele Hunde in höherer Erregung oft besser auf das Click als auf das Wort. Dies kann gerade zu Beginn des Trainings an problematischem Verhalten ein echter Vorteil sein. Inzwischen gibt es so viele verschiedene Clicker, dass für (fast) jeden das richtige Modell dabei sein sollte: laut oder leise, leicht oder schwer zu betätigen, mit Knopf oder ohne, und auch mit Armband oder Gurt für den Finger.

Damit wir den Clicker als ein Markersignal nutzen können, muss der Hund zuerst eine Verbindung zwischen dem Geräusch und seiner Belohnung herstellen. Wir konditionieren also das Geräusch als eine Ankündigung auf Belohnung für den Hund. Sie können die Anleitung fast identisch auch mit einem Markerwort durchführen. Suchen Sie sich ein ruhiges Plätzchen ohne viel Ablenkung oder Stress, und legen Sie los!

Der Clicker markiert genau den richtigen Lobmoment, sodass Sie Zeit haben, Ihr Leckerli herauszuholen.

Praxis: Die Konditionierung des Clickers

Schritt 1: Die erste Gewöhnung
In diesem ersten Schritt geht es nur darum zu prüfen, ob der Hund Angst vor dem Clickgeräusch haben könnte. Man kann diesen Schritt also beim Konditionieren eines Markerworts überspringen.

Nehmen Sie ein paar schmackhafte Leckerlis in die Hand und nutzen Sie diese als Lockmittel vor der Hundeschnauze. Locken Sie dafür den Hund immer wieder ein paar Zentimeter nach links und nach rechts. Folgt er brav der Futterhand, betätigen Sie mit der anderen Hand den Clicker, anfangs gern hinter Ihrem Rücken, damit das Geräusch nicht ganz so laut beim Hund ankommt. Direkt nach dem Clickgeräusch bekommt der Hund ein Leckerchen aus Ihrer Futterhand.

Es geht direkt weiter mit dem Locken: Folgt der Hund erneut der Futterhand, gibt es wieder einen Click und ein Leckerli aus der Hand. Hat Ihr Hund offensichtlich Angst vor dem Geräusch, legen Sie den Clicker sofort zur Seite und beginnen Sie damit, ein Markerwort zu konditionieren. Den Clicker holen Sie dann lieber erst zu einem viel späteren Zeitpunkt hervor.

Ist der Hund unbeeindruckt von dem Geräusch, können Sie bei den nächsten Wiederholungen den Clicker langsam immer näher an den Hund heranhalten, aber nie so dicht, dass Sie ihm direkt ins Ohr clicken, denn das ist für die empfindlichen Hundeohren ziemlich laut. Nach etwa 20 kleinen Keksen, die nach dem immer näher kommenden Click gegeben wurden, können Sie zum zweiten Schritt übergehen. Keine Bange: Die meisten Hunde werden den Click gar nicht wirklich wahrnehmen, da sie durch das Herumwedeln mit den Leckerchen abgelenkt sind, aber das gleichen wir im zweiten und dritten Schritt wieder aus.

Schritt 2: Wenn Click, dann Futter
Wir wollen nun die Idee einer echten „Wenn-dann-Beziehung" ins Hundehirn pflanzen. Der Inhalt dabei lautet: „Wenn der Click ertönt, dann bekommst du ein Leckerli!"

Wir locken den Hund kurz mit der Futterhand an, nehmen diese anschließend aber hinter den Rücken, sodass der Hund sie nicht sehen kann. Ist der Hund vor uns körperlich und geistig anwesend (mehr muss er nicht tun), ertönt der Click, und erst anschließend holen wir die Futterhand hinter dem Rücken hervor und geben dem Hund ein Leckerli. Für das echte Verknüpfen des Clicks mit der Belohnung ist diese zeitliche Reihenfolge sehr wichtig! Dies dürfen Sie etwa 10- bis 20-mal wiederholen, damit die Grundidee, was der Click bedeutet, im Kopf des Hundes verankert ist.

Schritt 3: Altbekanntes abfragen
Versuchen Sie nun einige für den Hund einfache, schon erlernte Dinge abzufragen, zum Beispiel die Übung Sitz oder Platz. Bei richtiger Ausführung clicken Sie und geben anschließend Ihr Leckerli. So hat der Hund eine Chance, die neue Technik Clickertraining/Markertraining in das bereits bekannte Lernmuster zu integrieren.

Schritt 4: Freiwillige gute Angebote markieren
Haben Sie Ihren Clicker und Ihre Belohnungshappen immer wieder bei sich, gern in allen möglichen Lebenslagen, und beobachten Sie Ihren Hund. Jeder Hund trifft Entscheidungen, die der jeweilige Hundehalter prima findet: Zum Beispiel wendet der Hund den Kopf in unsere Richtung oder setzt sich hin, wenn wir stehen bleiben, oder er schafft es, sich von etwas abzuwenden, was sehr interessant ist. Genau diese Entscheidungen und Angebote markieren Sie mit Ihrem Clicker oder Ihrem Markerwort und belohnen sie anschließend mit Leckerlis. Nach jedem Click folgt eine Belohnung – dieses Versprechen wird bei uns im Training nie gebrochen!

Schritt 5: Generalisieren
Führen Sie die vorangehenden Trainingsschritte an unterschiedlichen Orten und in verschiedenen Situationen durch. Machen Sie jeden Tag ein paar kurze Wiederholungen; so sollte der Clicker schnell einsatzbereit sein, und Ihr richtiges Training am problematischen Verhalten kann losgehen.

Der Click und das Markerwort sollen keinesfalls die alleinige Kommunikation mit dem Hund sein, aber sie können diese sehr erleichtern. Nach dem Ertönen des Markersignals dürfen Sie nicht einfach nur einen Keks geben, sondern sich zusätzlich ganz menschlich mit Stimme und Enthusiasmus über Ihren Hund freuen. Freuen Sie sich ehrlich, wird der Hund auch dies als ein echtes Lob verstehen und den Clicker noch schneller als eine Belohnungsankündigung verknüpfen.

RICHTIGE BELOHNUNG

Ich unterscheide im Training zwei verschiedene Arten von Belohnung. Die eine Kategorie ist die Art von Belohnung, die vom Menschen an den Hund gebracht wird, zum Beispiel Leckerlis, Spielzeuge oder direkte Interaktionen mit dem Menschen. Was genau dies im Einzelnen ist, hängt individuell vom Team ab.

Schon bei den Leckerlis gibt es eine große Auswahl: Trockene Hundekekse,

Trockenfutter in unterschiedlicher Stärke und Geschmacksrichtung, geschnittene Fleischwurst oder Käse, Leberwurst oder anderes aus der Tube, kleine Katzenfutterschälchen, getrocknete Fische und auch rohes oder getrocknetes Fleisch sind nur einige Beispiele.

Auch wie Sie dem Hund seine Futterbelohnung reichen, kann unterschiedlich sein. Sie können Futter ins Maul geben, über den Boden rollen lassen oder werfen, zum Suchen auslegen, vor der Hundenase fallen lassen, mit größeren Stücken Ziehspiele veranstalten oder auch Futter lutschen lassen (zum Beispiel aus der Tube).

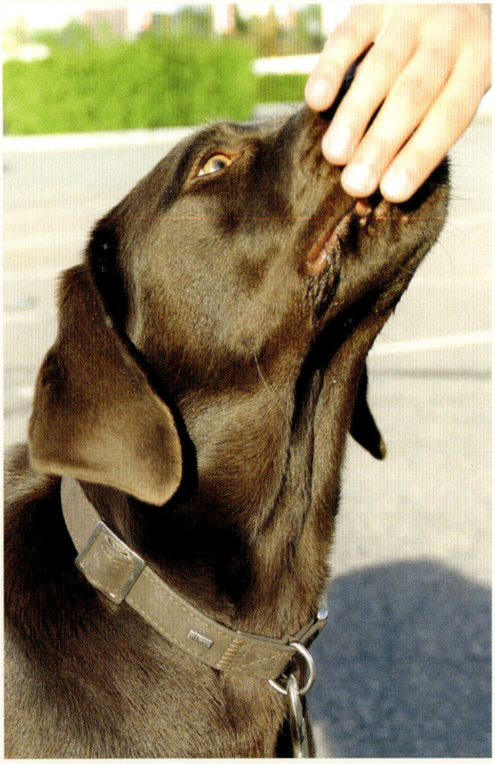

Für Lu sind Leckerlis eine tolle Belohnung.

Auch Spielzeug gibt es in vielen Variationen auf dem Markt, und solange keine Verletzungsgefahr besteht, hat jedes berechtigterweise seine Anhänger: einfache Wurfbälle, Zerrspielzeug aus unterschiedlichen Materialien, mit Quietschi oder ohne, mit eingearbeiteten Gerüchen, hart und weich, schwimmfähig, als Frisbee oder mit Schleuderarm und, nicht zu vergessen, die große Kategorie der Futterspielzeuge.

Damit Sie vielseitig belohnen können, empfehle ich grundsätzlich, sowohl Futter- als auch Spielbelohnungen ausgiebig zu erproben und gegebenenfalls auszubauen. Es kann absolut nicht schaden, den Hund einen Großteil seines Tagesbedarfs an Futter erarbeiten zu lassen, solange er keinen Hunger leiden muss. Hunger erzeugt Stress und kann damit auch zu einer Verschlimmerung eines Problems führen. Ich befürworte aber klar das Füttern zu Trainingszwecken, gern verbunden mit einem kleinen morgendlichen oder abendlichen Ritual der Napffütterung, um Stabilität zu schaffen. Behalten Sie den Tagesbedarf Ihres Hundes im Vergleich zur real verfütterten Menge einfach ein wenig im Auge.

Möchten Sie die sogenannte „Futterkooperationsbereitschaft" Ihres Hundes erhöhen, müssen Sie die Wertigkeit des Futters für den Hund verändern. Bekommt der Hund jeden Tag 500 Gramm Futter in seinen Napf und soll draußen im Lauf des Tages fünf Leckerlis fressen, wird er auf diese fünf Leckerlis nicht besonders großen Wert legen. Bekommt er aber von den 500 Gramm vielleicht ein Fünftel morgens in den Napf, werden die anderen 400

Gramm draußen schon wichtiger und interessanter werden.

Auch Spielen will gelernt sein, je früher, desto besser. Zerrspiele sind echte Bindungsarbeit und können bei vielen Teams schon der entscheidende Schritt zu einer verbesserten Beziehung sein. Wenn Ihr Hund nicht sehr gern Zerrspiele betreibt, müssen Sie ein wenig erfinderisch sein. Ich empfehle kleine Futtersäckchen, Futterbeutel oder Futternetze, in die sehr schmackhaftes Futter gepackt wird. Viele Hunde lassen sich damit zum Zergeln überreden, das Sie dann direkt mit Futter aus den Beuteln belohnen können. Frei nach dem Motto: „Erst zergeln, dann fressen!" Idealerweise wird im Lauf des Trainings das Zergeln selbstbelohnend, sodass es hervorragend als echte Belohnung eingesetzt werden kann.

Die große zweite Kategorie der Belohnungen sind Dinge, die der Hund sich nicht von uns abholt beziehungsweise von uns angereicht bekommt, sondern die er sich selbst aus der Umwelt und dem Alltag holen darf. Dabei orientiert er sich nicht in unsere Richtung, sondern löst sich von uns ab.

Eine Liste für den eigenen Hund zu erstellen dürfte nicht schwerfallen, wenn man genau hinschaut, worauf und worüber sich der Hund im Alltag freut: am Dorflöseplatz schnüffeln, zum Hundekumpel rennen, aus dem Auto springen, auf Baumstämme hüpfen, frei laufen dürfen, im See plantschen, weiter in die gewünschte Richtung vordringen, eine Fährte verfolgen oder auch das Markieren an auffälligen

Die beste Belohnung für Sally ist das freie Laufen.

Stellen. Teilweise fallen auch Futter und Spielzeug in diese Kategorie, wenn sie nicht vom Menschen gegeben werden, sondern irgendwo ausliegen und zur rechten Zeit am rechten Ort für den Hund als Belohnung freigegeben werden.

Für diese zweite Kategorie der Verstärker, also der Belohnungsmöglichkeiten, empfehle ich Ihnen ein eigenes Markerwort. So können Sie sicherstellen, dass das Clickgeräusch oder Ihr eigentliches Markerwort weiterhin eine Bedeutung behält, die stark mit Ihnen als Person verknüpft ist. Wir verwenden im Training gern das Wort „Bingo".

Konditionierung des „Bingo"-Markers

Schritt 1: Erste „Bingo"-Idee entlocken

Wir wollen im ersten Schritt den Hund zu seinen entfernten Belohnungen begleiten, um uns nicht ganz aus dem Spiel zu bringen. Dafür legen wir ein paar Leckerlis auf einen erhöhten Punkt, an den der Hund nicht herankommt (Regal oder Tisch). Ein paar Leckerlis behalten Sie bei sich am Körper, zum Beispiel in der Hosentasche. Trainieren Sie nun mit dem Hund ganz einfache Übungen, die er schon gut beherrscht, in der Nähe des platzierten Futters. Markieren Sie die ersten Wiederholungen mit dem Clicker oder dem Clickwort und füttern Sie mit Leckerlis aus Ihrer Tasche. Nach ein paar Wiederholungen markieren Sie mit Ihrem neuen „Bingo"-Signal (ohne Click oder Clickwort, lediglich das neue Wort, zum Beispiel „Bingo"), laufen schnell zu der Stelle, an der Sie das Futter deponiert haben, nehmen theatralisch und deutlich sichtbar ein Leckerli von der Erhöhung und geben es dem Hund. Fragen Sie mehr gut funktionierende Übungen ab und füttern Sie dabei manchmal aus Ihrer Tasche, manchmal von der Seite. Markieren Sie mit Clicker oder Clickwort, geben Sie die Belohnung aus Ihrer Tasche, markieren Sie mit „Bingo"-Signal, laufen Sie zum Rand und füttern von der Erhöhung. Dieser Schritt ist abgeschlossen, wenn Ihr Hund beim „Bingo"-Signal schon von allein zum Rand läuft, jedoch beim Click schön bei Ihnen bleibt.

Schritt 2: „Bingo"-Selbstbedienung üben

Leinen Sie Ihren Hund im nächsten Schritt zur Absicherung an. Lassen Sie ihn warten oder binden Sie ihn für einen kurzen Augenblick fest. Legen Sie für den Hund sichtbar, aber absolut unerreichbar ein einzelnes Stück Futter auf den Boden. Gehen Sie zurück zum Hund und halten Sie die Leine wieder in der Hand.

Sabine und Amra üben mit dem neuen „Bingo"-Marker, während der Futterbeutel auf dem Zaun liegt. (Foto: Karoline Schröder)

Amra möchte zum Futter auf dem Boden.

Nun müssen Sie schnell sein: Jedes Verhalten des Hundes, das darauf abzielt, näher an das Futter auf dem Boden zu kommen, sitzen Sie einfach aus. Halten Sie den Hund fest und warten ab. Wendet der Hund sich hingegen vom Futter ab, dürfen Sie großzügig markieren (Click oder Clickwort) und mit Futter aus Ihrer Hand belohnen. Zücken Sie das Futter aber erst nach dem Markieren aus Ihrer Tasche, um zu vermeiden, dass der Hund Sie einfach nur anbettelt.

Das Abwenden vom Futter kann sehr vielschichtig sein. Aber in der Regel passieren zwei Dinge: Entweder wendet der Hund sich bewusst ab (vielleicht schaut er sogar zu Ihnen) oder er bewegt sich einen Schritt vom Futter weg (vielleicht noch mit Blickkontakt zum Futter). Egal, was genau Ihr Hund Ihnen anbietet, seien Sie großzügig mit Ihren Belohnungen, selbst wenn er sich nur unbewusst und aus Versehen vom Futter wegarbeitet.

Sobald er sich deutlich mehr an Ihnen als am Futter auf dem Boden orientiert, können Sie den Schwierigkeitsgrad vorsichtig steigern. Bewegen Sie sich mit Ihrem Hund langsam auf und ab, immer

Sobald sie Blickkontakt zu Sabine aufnimmt, ...

... darf Amra die Belohnung fressen.

mit genug Abstand zum platzierten Futter. Allein dass Bewegung ins Spiel kommt, macht die Übung für den Hund im ersten Moment wieder deutlich schwerer, sodass Sie wirklich jeden kleinen Schritt in die richtige Richtung, also weg vom Futter auf dem Boden, belohnen dürfen.

Ist Ihr Hund voll auf Sie konzentriert und kann das platzierte Futter ausblenden, darf er für eine gut ausgeführte Übung tatsächlich mit Ihrem „Bingo"-Marker das Futter vom Boden als Belohnung haben. Falls Ihr Hund nicht sofort begreift, dass er jetzt lossprinten darf, zeigen Sie ihm den Weg zum Futter! Legen Sie anschließend neues Futter auf den Boden und spielen Sie den gesamten Schritt 2 noch einmal durch.

Im Lauf von mehreren Wiederholungen sollten Sie merken, dass Ihr Hund immer früher auf Sie fokussiert ist und immer schneller das Futter auf dem Boden ausblenden kann. Das heißt für Sie, dass Sie es auch immer früher mit dem „Bingo"-Signal als Belohnung einsetzen können.

Trainingsziel aus Schritt 2 ist es, dass der Hund die Belohnung auf dem Boden sofort links liegen lässt und zu Ihnen Kontakt aufnimmt. Er hat damit verstanden, dass er bekommt, was er möchte, wenn er einen kleinen Umweg über den Kontakt zu Ihnen geht.

Schritt 3: „Bingo"-Signal für Umweltverstärker einführen

Im nächsten Schritt werden alltägliche Dinge aus unserer Umwelt als Verstärker eingeführt. Überlegen Sie sich, was Ihr Hund gern macht. Viele Hunde empfinden zum Beispiel das Schnüffeln an bestimmten Orten als angenehm. Ideal ist eine Stelle, von der Sie fast zu 100 Prozent wissen, dass Ihr Hund beim Vorbeigehen dort schnüffeln möchte. Versuchen Sie, in die Nähe dieser Stelle zu kommen (so dicht, dass der Hund schon im Kopf hat, dass er dort gleich schnüffeln möchte) und bleiben Sie dann stehen. Fragen Sie eine einfache Übung ab, die der Hund sehr gut beherrscht, und lassen Sie den Hund als Belohnung auf Ihr „Bingo"-Signal zum Ort der Begierde laufen und dort schnüffeln. Haben Sie dem Hund das „Bingo"-Signal in mehreren Wiederholungen an unterschiedlichen Schnüffelstellen so kleinschrittig auftrainiert, können Sie es für viele andere Dinge, die der Hund gern macht, verwenden.

Umweltverstärker können eine große Trainingshilfe sein. Wenn Ihr Hund zum Beispiel kein Futter als Belohnung nimmt, ist der Einsatz von Umweltverstärkern zumindest zunächst einmal die beste Belohnungsmöglichkeit. Versuchen Sie immer wieder zu beobachten, was Ihr Hund in welchen Situationen gern macht, und bauen Sie Dinge, die Ihnen wichtig sind, als Bedingung ein. Frei nach dem Motto: „Du bekommst, was du willst, wenn du tust, was ich möchte!"

Achtung! Es ist nicht besonders angenehm, wenn alles Schöne im Leben an Bedingungen geknüpft ist! Der Hund darf und soll auch selbstständig entscheiden und wählen dürfen, was er jetzt gerade tun möchte. Übertreiben Sie es nicht mit der Verwaltung seiner ihm wichtigen Ressourcen und lassen Sie ihn einfach auch Hund sein.

Aus Umweltverstärkern kann man auch prima ein Ersatzverhalten entwickeln. Wenn Sie nach dem „Bingo"-Signal ankündigen, was die Belohnung ist, verknüpft Ihr Hund diese Tätigkeiten mit dem Signal. Wollen Sie Ihren Hund also als Belohnung buddeln lassen, weil er dies gerade im Kopf hat, benennen Sie diese Tätigkeit zum Beispiel mit dem Signal „Buddeln". Sie dürfen das neue Signal auch gern mehrfach wiederholen, während der Hund buddelt. Nach mehreren Wiederholungen an unterschiedlichen Orten können Sie den Hund mit dem Signal prima auf die Idee bringen, jetzt das Buddeln anzufangen, anstatt zum Beispiel einen Hund weiter zu fixieren oder in den Wald zu gucken und nach Wild Ausschau zu halten.

TRAINING VERSUS MANAGEMENT VON PROBLEMVERHALTEN

Training an für den Menschen problematischem Hundeverhalten ist immer ein Prozess, der lange dauern kann. In manchen Situationen wird man durch das Training schnell Erfolge haben, in anderen nahezu verzweifeln. Deshalb entscheide ich mich als Trainerin in einigen Fällen für ein reines Management bestimmter Probleme oder muss das Training durch Management zumindest ergänzen.

Management soll dafür sorgen, dass ein bestimmtes Verhalten sich nicht weiter ausbauen kann. Dies ist besonders dann wichtig, wenn das Verhalten selbstbelohnend ist. Ein einfaches Beispiel ist das Schleppleinentraining. Kommt mein Hund nicht auf Zuruf, muss ich dafür sorgen, dass er nicht allein „stiften geht". Ich muss verhindern können, dass der Hund Wild jagt, zu Menschen läuft und diese anspringt oder dass er zu einem anderen Hund rennt, der keinen Kontakt wünscht. Die in der Regel mindestens zehn Meter lange Schleppleine hilft mir dabei. Aber allein die Tatsache, dass der Hund eine Schleppleine trägt, wird nicht dazu führen, dass er auf Zuruf zum Menschen kommt! Das schafft nur systematisches Training, und bis zum endgültigen Erfolg wird der Hund eben weiter abgesichert.

Manchmal kann es auch sein, dass der Mensch eine Situation falsch einschätzt oder die äußeren Umstände plötzlich zu schwierig für effektives Training sind. Hat mein Hund zum Beispiel ein Problem damit, ruhig an anderen Hunden vorbeizugehen, kann der ideale Arbeitsabstand zu dem anderen Hund auch tagesformbedingt schwanken. Wenn ich merke, dass der andere Hund heute für effektives Training zu dicht herankommt und die Situation für meinen Hund gleich eskalieren wird, muss ich das Training abbrechen. Das Erregungsniveau ist für den Hund dann zu hoch, um klar denken zu können. Mit etwas Glück kann ich ihn einfach absetzen und ablenken, bis der andere Hund vorbei ist. Auch Ablenken ist für mich tatsächlich nur eine Managementstrategie und keine Trainingstechnik. Mit Pech muss ich schnellstmöglich einfach „Land gewinnen", egal wie.

In vielen Situationen machen uns auch die Menschen aus unserem Alltag einen Strich durch die tollen Trainingspläne: Ein Spaziergänger streichelt unseren Hund, obwohl er gerade an ihm hochspringt; ein anderer Hund läuft zu unserem angeleinten Hund, obwohl der gerade lernen soll, nicht mit jedem Hund zu spielen; plötzlich kommt der Nachbar unaufgefordert in den Garten, wo doch eigentlich wir den Besuch hereinlassen wollten, um die Aufgabenbereiche der einzelnen Familienmitglieder für den Hund deutlich zu machen. Was tun wir also, wenn das Leben gerade nicht so läuft, wie wir es gern hätten?

Training ist in solchen Überraschungsmomenten nahezu unmöglich, also müssen wir die Situationen für unseren Hund möglichst stressfrei managen. Entweder wir geben schnell eine Art Freigabekommando, zum Beispiel auch das „Bingo", damit der Hund wenigstens mit unserer Erlaubnis das macht, was er eigentlich nicht tun sollte, oder wir versuchen, das mögliche Verhalten noch schnell zu verhindern, bevor es passiert. Eine Variante hiervon ist das Abbrechen mit Click oder Clickwort. Je früher Sie versuchen abzubrechen, desto besser!

Tipp: Ein Verhalten mit dem Marker abbrechen

Im Lauf des Trainings bekommt der Clicker oder Ihr Markerwort für Ihren Hund eine ganz besondere Bedeutung. Ich benutze den Clicker und das Clickwort ausschließlich für Belohnungen, die direkt von mir kommen. Daher ist eine Teilbotschaft meines Markers: „Dreh dich zu mir um, weil du jetzt etwas von mir bekommst!"

Diese antrainierte Umorientierung zum Menschen ermöglicht es uns, Verhalten des Hundes mit dem Click oder dem Clickwort sofort abzubrechen. Das klappt sicher nicht immer, aber im Lauf des Trainings immer öfter. Man kann dies als eine Notfallstrategie einsetzen, oder aber man markiert gezielt die einzelnen Verhaltensweisen aus einer ganzen Kette von Reaktionen, die kurz vor dem „Fehler" zu sehen sind. Hat Ihr Hund zum Beispiel Angst vor fremden Menschen, und Ihr Nachbar kommt aus Versehen bedrohlich dicht an Ihren Hund heran, clicken Sie einfach schnell und füttern bei sich. So vergrößern Sie sofort den Abstand und entschärfen die Situation.

Als echte Trainingsstrategie wenden wir diese Technik bei leichten Formen von Jagdverhalten an. Fixiert der Hund zum Beispiel ein Reh, markieren wir genau dieses Fixieren, um damit zu verhindern, dass der Hund den nächsten Schritt einleitet, nämlich das Hetzen. Die automatische Umorientierung nach dem Click bei diesem Problem funktioniert in der Regel aber wirklich nur bei schwach ausgeprägtem Jagdinstinkt, bei dem ein zum Hetzen konkurrierender Verstärker vom Hund wirklich gern genommen wird.

Sally möchte zu Lane am Rand. Der Click bricht diese Idee ab und wir können weiterarbeiten.

TYPISCHE HUNDEPROBLEME UND MÖGLICHE LÖSUNGEN

Mein Hund kommt nicht, wenn ich ihn rufe!

Für viele Hundehalter ist der sichere und zuverlässige Rückruf des Hundes eine der wichtigsten Übungen im Alltag. Das wiederum macht Sinn, denn lässt sich der Hund jederzeit von allen Dingen und aus allen Tätigkeiten heraus abrufen, schrumpft eine Vielzahl anderer Probleme automatisch. Ein Hund, der körperlich und geistig beim Besitzer ist, kann gleichzeitig schlecht andere Menschen anspringen, Wild hetzen oder Hunde anbellen.

Aus Hundesicht ist diese Übung allerdings eine der schwersten. Ein Hund möchte in vielen Situationen nicht beim eigenen Menschen sein, sondern andere lustige Dinge tun. Es gibt in der Umwelt viel zu entdecken und zu erleben, was dem Hund einfach Spaß bringt, und daher entsteht eine gewisse Konkurrenzsituation: Mensch oder Umwelt?

Wofür sich Hunde freiwillig entscheiden, lässt sich bei vielen an unterschiedlichen Reizen hervorragend trainieren. Trotzdem möchte ich davor warnen zu glauben, dass Rückruftraining allein bei jedem Hund in jeder Situation zu einem hundertprozentigen Erfolg führen wird. Ein echter Jagdhund wird für die Aussicht auf ein Leckerli kein kreuzendes Reh stehen lassen. Bei einem solchen Problem können noch viele weitere spezielle Techniken nötig sein, um insgesamt das Jagdverhalten unter eine Form der Kontrolle zu bekommen, die für alle Beteiligten ausreichend ist. Trotzdem sind folgende Übungen für Hund und Mensch sehr nützlich, da sie eine solide Basis auch für weitere Trainingsschritte schaffen und die Bindung zwischen Hund und Mensch vertiefen.

Solange Sie mit Ihrem Hund noch keinen zuverlässigen Rückruf trainiert haben, gilt immer das Gebot, den Hund abzusichern! Sie werden Ihres Lebens nicht mehr froh, wenn Ihr Hund auf die Straße läuft und er selbst oder andere Verkehrsteilnehmer zu ernsthaftem Schaden kommen! Ihr Hund darf zu keiner Zeit irgendjemanden gefährden, weil er im Freilauf noch nicht optimal trainiert ist. Zum Absichern hat sich eine Kombination aus einem gut sitzenden Brustgeschirr und einer mindestens zehn Meter langen Schleppleine bewährt. So haben Sie im schlimmsten Fall immer noch Ihren Anker am Hund.

Gern arbeite ich mit zehn Meter langen Leinen, da diese Länge meist ein guter Kompromiss für Hund und Mensch ist. Sie ist für den Menschen noch relativ problemlos zu benutzen, und der Hund hat zumindest etwas mehr Spielraum als an einer kurzen Führleine. Material und Beschaffenheit sind individuell zu wählen: rutschfest, Wasser abweisend, leicht zu reinigen, leichter oder schwerer, eben ganz so, wie Sie es mögen.

AUFMERKSAMKEITSSIGNAL

Das Aufmerksamkeitssignal ist der erste Baustein im Rückruftraining. Es soll dem Hund sagen: „Orientier dich an mir (und schau, ob ich etwas von dir möchte)!" Viele Trainer und Hundehalter verbinden dieses Umorientieren ganz einfach mit dem Namen des Hundes, aber es ist durchaus möglich, ein eigenes Signal, zum Beispiel „Schau", dafür einzuführen.

Im ersten Schritt wird Käthes Blick mithilfe von Futter in Richtung von Frauchens Gesicht gelockt.

Basisübung 1 – Blickkontakt

Schritt 1: Erste Idee entlocken

Machen Sie Ihren Hund heiß auf ein Leckerchen, indem Sie es über den Boden ziehen oder vor der Hundeschnauze damit wedeln. Ist der Hund aufmerksam, führen Sie die Futterhand in Richtung Ihres Gesichtes, am besten direkt neben Ihre Augen. Folgt der Hund dem Leckerchen mit seinem Blick und schaut zu Ihnen hoch, und zwar möglichst, ohne Sie anzuspringen, markieren Sie mit dem Clicker oder dem Markerwort, und geben Sie dem Hund das Leckerchen. Idealerweise führen Sie es von oben nach unten entlang Ihrer senkrechten Körpermitte direkt zur Hundeschnauze. Diesen Trainingsschritt brauchen Sie in der Regel nicht sehr häufig zu wiederholen. Klappt er ein paarmal, geht es direkt mit Schritt 2 weiter.

Schritt 2: Indirektes Locken

Machen Sie Ihren Hund auf ein Leckerchen in Ihrer Hand aufmerksam, genau

Im zweiten Schritt muss Käthe ohne Futter auf die Idee kommen, Frauchen ins Gesicht zu schauen.

Im letzten Schritt wird erst markiert, wenn Käthe sich selbstständig vom Futter abwendet und Frauchen ansieht. (Fotos: Karoline Schröder)

wie in Schritt 1. Ist der Hund aufmerksam, ziehen Sie die Leckerli-Hand hinter Ihren Rücken, sodass das Leckerchen für den Hund nicht mehr sichtbar ist. Versucht Ihr Hund nun, ebenfalls hinter Ihren Rücken zu gelangen, drehen Sie sich immer wieder mit Ihrer Front zum Hund hin. Sobald der Hund in Richtung Ihres Gesichtes schaut, dürfen Sie unverzüglich markieren und ausgiebig belohnen. Füttern Sie auch hier immer von oben nach unten aus Ihrer senkrechten Mitte heraus (dafür nehmen Sie die Futterhand nach dem Click vor den Körper) und freuen Sie sich über die gelungene Übung! Idealerweise wird Ihr Hund schon nach wenigen Versuchen schnell den Blickkontakt zu Ihnen suchen. Wenn dieses Ziel erreicht ist, dürfen Sie direkt mit Schritt 3 weitermachen. Wenn Ihr Hund auch nach mehreren Wiederholungen nicht sofort zu Ihnen hochschaut, sondern immer wieder hinter Ihren Rücken läuft, verteilen Sie das Training auf einige kurze Trainingseinheiten, bis es klappt.

Schritt 3: Vom Leckerchen wegarbeiten
Zuerst machen wir den Hund wieder aufs Leckerli in der Hand heiß. Sobald er aufmerksam ist, geben wir unser Signal und nehmen den Arm hoch. Nun führen wir den Arm aber nicht hinter den Rücken, sondern halten die Futterhand seitlich weg vom Körper, sodass der Hund nicht herankommt. Er könnte auch hier zuerst versuchen, auf direktem Wege an die Futterhand zu gelangen, aber erst in dem Moment, in dem er sich vom Futter abwendet und in Ihr Gesicht schaut, wird wieder markiert und aus der Mitte heraus mit dem Futter und zusätzlich mit der Stimme belohnt.

Info:
Signal einführen
Bei jedem einzelnen Trainingsschritt lässt sich das neue Wortsignal hervorragend einbauen. Sie üben den jeweiligen Schritt so lange, bis Sie wissen, dass der Hund sehr zuverlässig und schnell Blickkontakt zu Ihnen aufnimmt. Von da an sollten Sie Ihr Signal jedes Mal direkt vor dem Blickkontakt geben. In Schritt 1: kurz bevor Sie Ihre Hand zum Gesicht führen. In Schritt 2: kurz nachdem Sie die Hand hinter Ihren Rücken gehalten haben. In Schritt 3: kurz nachdem Sie Ihre Hand seitlich ausgestreckt haben.

Zum Generalisieren dieser Übung sind Ihrer Fantasie keine Grenzen gesetzt. Nehmen Sie spannende Dinge in die Hand als Ablenkung oder üben Sie an immer aufregenderen Orten, bis Ihr Hund schrittweise seinen Blick auf Ihr Signal hin aktiv von einem spannenden Geschehen abwendet und Sie ihn dafür fürstlich belohnen können.

Auch als „Bingo“-Variante lässt sich die Übung hervorragend trainieren: Legen Sie sichtbar für den Hund ein Leckerli unter Ihren Fuß und warten Sie, bis der Hund auf die Idee kommt, sich an Ihrem Gesicht zu orientieren. Genau in diesem Moment geben Sie mit dem Marker „Bingo“ das Leckerchen unter dem Schuh frei. Kommt der Hund innerhalb mehrerer Wiederholungen zügig auf die Idee, sich an Ihnen zu orientieren (um den Keks zu bekommen), geben Sie bei dieser Variante das Signal direkt nach dem Unterlegen des Leckerlis.

Einmal auf diese Weise aufgebaut, können Sie Blickkontakt als Bedingung für vieles, was der Hund möchte, einsetzen. Ihr Hund möchte an der Lieblingsmarkierstelle schnüffeln? Kein Problem! Lassen Sie ihn kurz Blickkontakt aufnehmen, und anschließend wird er mit „Bingo“ freigegeben. Blickkontakt ist eine echte Allroundübung!

RÜCKRUF TRAINIEREN

Sobald Ihr Hund ein Aufmerksamkeitssignal gelernt hat, geht es direkt mit dem Rückruftraining los. Ist das alte Rückrufsignal Ihres Hundes zu stark verbraucht und falsch belegt, erfinden Sie lieber ein neues. Solange das neue Kommando noch nicht gut trainiert ist, gestalten Sie Ihren Alltag wie bisher: im abgesicherten Modus (Schleppleine) und mit dem alten Kommando.

Je intensiver Sie das neue Signal in kleinen Trainingsphasen aufgebaut haben, desto öfter und länger können Sie es in Ihren Alltag einbauen – immer unter der Prämisse, dass der Hund eine Chance hat, die Anforderungen zu bewältigen. Zuerst wird das neue Kommando zum Beispiel nicht beim Abrufen aus dem Freispiel benutzt, sondern in „langweiligen" Situationen eingeführt, in denen der Hund sowieso gern von Ihnen bespaßt werden möchte. Der Hund sollte in allen Trainingsphasen möglichst keine Fehler machen können. Oberste Priorität hat damit eine vorerst ablenkungsarme Umgebung, also zum Beispiel Ihr Wohnzimmer oder der Garten. Steigern Sie die Anforderungen nur langsam.

Rückruf in kleinen Schritten neu trainiert

Schritt 1: Erste Idee entlocken

Bringen Sie Ihren Hund in Arbeitslaune. Zeigen Sie ihm ruhig, dass er sich ein Leckerli oder ein Spielzeug verdienen könnte, und reden Sie fröhlich mit ihm. Geben Sie Ihr neues Signalwort. Anschließend laufen Sie rückwärts von Ihrem Hund weg, sodass er freudig hinter Ihnen herläuft. Markern Sie die ersten Schritte in Ihre Richtung, auch wenn der Hund noch ein Stück von Ihnen entfernt ist. Nun dürfen Sie den Vierbeiner intensiv belohnen, möglichst dicht an Ihrem Körper, damit das Ziel, also das Ankommen bei Ihnen, ein echtes Highlight für Ihren Hund ist.

Schritt 2: Indirektes Locken

Bringen Sie Ihren Hund wieder in Arbeitslaune und werfen Sie mit einem Freigabekommando (zum Beispiel: „Schnapp´s dir!") einen Futterbrocken hinter Ihren Hund. Beobachten Sie Ihren Hund genau!

Sie sollten schon für die richtige Entscheidung des Hundes, sich in Ihre Richtung zu orientieren, markieren.

Wenn Sie das Gefühl haben, der Futterbrocken ist gleich im Maul verschwunden, geben Sie Ihr Rückrufsignal und laufen Sie erneut langsam rückwärts von Ihrem Hund weg. Nicht zu schnell und nicht zu weit, da Sie unter keinen Umständen Trennungsstress bei Ihrem Hund auslösen, sondern nur durch Bewegung einen etwas größeren Anreiz schaffen wollen, zu Ihnen zu kommen. Sobald der Hund den Kopf in Ihre Richtung dreht, dürfen Sie diese gute Entscheidung mit dem Clicker oder Ihrem Wort markieren, denn das wird später unter größerer Ablenkung der schwierigste Teil des Abrufens sein.

Belohnen Sie eng an Ihrem Körper, dabei dürfen Sie gern rückwärtsgehen.

Läuft der Hund auf Sie zu, feuern Sie ihn mit Ihrer Stimme an, um das Interesse an Ihnen aufrechtzuerhalten. Sobald er bei Ihnen eintrifft, dürfen Sie ihn wieder eng an Ihrem Körper intensiv belohnen und loben.

Schritt 3: Vom Futter wegarbeiten

Zeigen Sie Ihrem Hund zwei verschiedene Arten von Leckerchen: ein eher langweiliges, aber dennoch schmackhaftes und eines, das bei ihm ganz hoch im Kurs steht.

Engagieren Sie eine Hilfsperson oder sichern Sie Ihren Hund über Geschirr plus Leine ab. Werfen Sie das langweiligere Leckerchen ohne die Freigabe „Schnapp´s dir!" hinter Ihren Hund. Geben Sie Ihr Rückrufsignal ganz deutlich vor dem Erreichen des Leckerlis. Dreht der Hund sich zu Ihnen, dürfen Sie eine Leckerli-Party mit den schmackhafteren Leckerlis veranstalten!

Wenn der Hund weiterlaufen möchte, um den Keks auf dem Boden trotzdem zu fressen, haben Sie zwei Optionen:

1. Die Hilfsperson stellt, ohne den Hund zu bedrohen, kommentarlos den Fuß auf das Leckerli, sodass der Hund nicht herankommt. Irgendwann wird er merken, dass es keinen Sinn macht, dort weiter zu probieren, und wendet sich in Ihre Richtung. Das wird selbstverständlich markiert! Während der Hund auf Sie

zuläuft, dürfen Sie ihn wieder anfeuern und ihn, sobald er bei Ihnen ist, ausgiebig belohnen.

2. Wenn Sie allein mit Brustgeschirr und Leine trainieren, werfen Sie den langweiligen Keks so weit hinter Ihren Hund, dass er nicht ans Leckerchen herankommt, ohne dass Sie die Leine nachgeben. Werfen Sie das Leckerli bitte nicht zu weit und nehmen Sie eine kürzere Leine, da das Reinspringen ins Brustgeschirr nicht unbedingt angenehm ist, falls es dazu kommt! Auch hier gilt: Irgendwann dreht der Hund sich vom Leckerchen weg in Ihre Richtung. Das Umdrehen wird markiert. Während der Hund auf Sie zuläuft, dürfen Sie ihn wieder anfeuern und ausgiebig belohnen, sobald er Sie erreicht.

Achtung!

Das Anfeuern des Hundes sollte sich nur auf die Momente beschränken, in denen Ihr Hund auf Sie zukommt! Driftet der Hund ab oder lässt sich gar völlig ablenken, setzen Sie auch mit dem Anfeuern aus. Es soll als Verstärker für das weitere Umsetzen der richtigen Entscheidung – Umdrehen – dienen und nicht als Anlocken. Effektives positives Feedback soll das erwünschte Verhalten weiter voranbringen. Lassen Sie sich nicht in die Lage bringen, permanent um die Gunst Ihres Hundes zu buhlen. Das heißt auch, dass Sie im dritten Trainingsschritt ab einem bestimmten Trainingsstand für schnellere und zügigere Entscheidungen viel intensiver loben dürfen als für das Umorientieren, nachdem der Hund schon beim Leckerchen auf dem Boden geschnüffelt hatte! „Fehler" dürfen dann auch etwas kosten, auch wenn das nur bedeutet, etwas weniger stark gelobt zu werden.

Ist der Rückruf erst einmal möglichst fehlerfrei auftrainiert, können Sie wieder jede Menge Generalisierungsspielchen spielen. Steigern Sie die Anforderungen in Bezug auf das grundsätzliche Erregungsniveau des Hundes, auf die Ablenkung von außen, auf die Umgebung, in der Sie trainieren, auf die Bedingungen, die Sie für besonders schmackhafte Belohnungen stellen.

Auch mit den „Bingo"-Varianten werden Sie im Lauf der Zeit tolle Erfolge verbuchen können. Manchmal sollte man erst die Erwartungshaltung, die der Hund mit einer bestimmten Alltagsressource aufgebaut hat, etwas verändern, damit diese auch als Belohnung einsetzbar ist. Liebt Ihr Hund zum Beispiel das Spielen mit anderen Hunden abgöttisch, macht es Sinn, zunächst daran zu trainieren, an anderen Hunden entspannt vorbeigehen zu können. Im weiteren Trainingsverlauf können Sie das Abrufen aus dem Freispiel oder auch vor dem Freispiel mit dem Hundekumpel in Sichtweite mit dem „Bingo"-Signal und dem anschließenden Weiterspielen-Dürfen belohnen.

Nach dem Ertönen des „Superschlachtrufs" soll Ihr Hund direkt mit fliegenden Ohren auf Sie zugaloppieren. (Foto: Karoline Schröder)

„SUPERSCHLACHTRUF"

Ich benutze im Training gern ein zweites Rückrufsignal, das bei mir die Funktion eines Notfallkommandos übernimmt. Dieser „Superschlachtruf" ist für mich kein Signal wie ein normales Rückrufkommando, sondern wird relativ simpel mit etwas absolut Spektakulärem, Außergewöhnlichem verknüpft. Für meine Hündin ist das zum Beispiel ein ganz besonderes Plüschtier mit einem knisternden Geräusch. Dieses Spielzeug bekommt sie nicht einfach zwischendurch, und auch im Training wird es nicht als Belohnung eingesetzt. Ihr Plüschtier gibt es ausschließlich in Kombination mit einem ganz bestimmten Signal.

Um dies etwas genauer zu erklären: Nach klassischer Lerntheorie verknüpfen wir das Clickgeräusch im Hundekopf mit einer Belohnung, indem wir beides immer kurz nacheinander auftauchen lassen (siehe Abschnitt „Clickertraining/Markertraining"). Genauso können wir ein anderes Signal mit einer ganz bestimmten Art der Belohnung verknüpfen, nämlich mit der besten Belohnung, die es für den Hund vom Menschen geben kann.

Nun zum Unterschied: Der Clicker kommt später zum Einsatz, um die passenden und entscheidenden Momente zu markieren, damit das Verhalten oder die Emotionen des Hundes dauerhaft verändert werden. Der „Superschlachtruf" hingegen soll nicht dazu dienen, Verhalten oder Emotionen zu ändern, sondern nur in bestimmten Notfallsituationen den Hund dazu bringen, alles stehen und liegen zu lassen und zur Superbelohnung zu kommen.

Die Voraussetzung für das dauerhafte Gelingen dieser Übung ist, dass Sie den „Superschlachtruf" (und damit auch die Superbelohnung) nur äußerst selten zum Einsatz bringen. Außerdem dürfen Sie ihn nicht ausschließlich in Notfallsituationen benutzen, sondern auch immer wieder mal dann, wenn keine große Ablenkung vorliegt. Bei mir hat sich im Lauf der Jahre der Einsatz maximal ein- bis zweimal pro Woche bewährt.

Das Training an sich ist sehr einfach:

1. Herausfinden, welche vom Menschen zugeführte Belohnung der Hund unglaublich liebt.

2. Diese Ressource konservieren, also erst einmal aus dem Alltag herauslösen.

3. In reizarmer Umgebung das Supersignal aussprechen (gern auch so, als wären Sie in einem echten Notfall, also vielleicht laut, schrill und in Wiederholungen) und anschließend sofort die Superbelohnung zücken.

4. Einige Male den „Superschlachtruf" (jeweils nur *ein* Mal!) alle paar Tage wie beschrieben verknüpft sollte reichen, ihn auch draußen auszuprobieren – immer unter dem Aspekt: Weniger ist mehr!

Mein Hund zieht an der Leine!

Je größer und stärker der Hund, desto nervenaufreibender ist das Problem mit der straffen Leine. Hunde, die an der Leine ziehen, wollen ihrem Besitzer nicht zeigen, wer die Hosen anhat. Also keine Sorge: Sie müssen auch hier nicht den Alpha-Chef spielen, um Erfolg zu haben. Und witzig gemeinte Kommentare wie: „Wer geht denn hier mit wem spazieren?", dürfen Sie einfach ignorieren.

Leinenführigkeit ist für Hunde eine wirklich schwere Übung. Allein aus ihrer körperlichen Konstitution heraus bevorzugen sehr viele Hunde die Gangart „Trab", die sich schon ab Jack-Russel-Größe und aufwärts nicht mit unserem Schritttempo vereinbaren lässt. Traben ist für Hunde ökonomisch, über weite Strecken energiesparend, flüssig und locker, im Vergleich zum Schrittgehen und Galoppieren. Wir als Menschen hingegen haben als Zweibeiner nur die Gangarten Gehen und Laufen, wenn auch in unterschiedlichen Geschwindigkeiten.

Da wir immer wieder dazu verpflichtet sind, unsere Hunde an der Leine zu führen, muss sich notwendigerweise einer dem Tempo des anderen anpassen. In der Regel ist das der Hund. Hinzu kommt, dass Hunde sprunghafter sind, schneller auf Reize reagieren und ein wenig verspielter bleiben als der „verkopfte" erwachsene Mensch. Dürften sich die meisten Hunde permanent frei bewegen, würden sie von rechts nach links laufen, stehen bleiben, traben, zurück- und vorrennen und wahrscheinlich nicht mehrere Minuten am Stück im selben Tempo einfach nur gehen. Wir haben hier also einen immensen Interessenkonflikt, den wir auffangen müssen. Anstatt nun dem Hund unseren Willen und unsere Bedürfnisse aufzuzwingen, schauen wir, wie viel Leinenführigkeit ein Hund eigentlich leisten kann, und schaffen auch für seine Bedürfnisse Räume.

Das Erregungsniveau des Hundes kann uns in vielerlei Hinsicht auch bei der Leinenführigkeit einen Strich durch die Rechnung machen. Hat Ihr Hund zum Beispiel Begegnungsprobleme, regt sich also, nett oder böse gemeint, über vorbeigehende Passanten oder andere Hunde auf, kann es schon reichen, dieses Erregungsproblem zu beheben. Damit würde dann auch das Problem der nicht vorhandenen Leinenführigkeit entschärft.

MANAGEMENT – DARF ICH? DARF ICH NICHT?

Niemand schafft es, zu jeder Zeit konsequent Leinenführigkeit zu trainieren. Das macht aus Hundesicht auch überhaupt keinen Sinn. Deshalb schaffen wir für den Hund zwei verschiedene Situationen: eine, in der schön fleißig und konsequent trainiert wird, und eine zweite, in der wir auch mal fünf gerade sein lassen. Damit erlauben wir uns selbst und dem Hund, auch mal einen schlechten Tag zu haben.

Wie Sie dem Hund die unterschiedlichen Situationen deutlich machen, bleibt Ihnen überlassen. Vielleicht ist für Sie ein Wortsignal, zum Beispiel „Kurze Leine", vor jeder Trainingssequenz sinnvoll? Ich nehme im Training sehr gern unterschiedliche Führhilfen: Zum Beispiel ist das Einklinken des Karabiners der Leine in den Rückenring des Brustgeschirrs ganz klar das Signal für meine Hunde, dass sie jetzt auf die Leinenführigkeit nicht sonderlich achten müssen. Übrigens wird dort auch grundsätzlich die Schleppleine befestigt, wenn ich sie nutzen möchte. Verwende ich hingegen das Halsband oder stecke den Karabiner in den Brustring des Brustgeschirrs (den es leider nicht an jedem Brustgeschirr gibt), bedeutet dies für meine Hunde, mehr auf mich zu achten und in meiner Nähe zu bleiben, also leinenführig zu sein.

Je besser der Hund trainiert ist, desto länger können Sie die Strecken der Leinenführigkeit gestalten. An immer aufregenderen Orten und unter immer größerer Ablenkung können Sie in ganz kleinen Phasen Ihr Leinenführigkeitstraining integrieren und damit das Ziehen immer seltener zulassen. In der Regel braucht man nach einiger Zeit gar nicht mehr umzustöpseln. Denn mit Leinenführigkeitstraining geht oft das Training an anderen „Baustellen" einher, sodass der Hund insgesamt ansprechbarer und gelassener wird. Damit führt die Kombination aus verschiedenen Trainingsinhalten zu einem permanent leinenführigen Hund.

DIE KOMFORTZONE – DER MENSCH IST DAS ZIEL!

Die Ideallösung für unser Problem ist, dem Hund zu zeigen, dass es einfach

Hat der Hund das Prinzip von Halsband und Leine als Signal einmal verstanden, kann er sogar wie Giny mit Halsband am Fahrrad laufen.

wundervoll ist, sich in der Nähe des Menschen aufzuhalten, zum Beispiel in einem Radius von 1,50 Metern. Ist der Hund nah beim Menschen, kann er nicht an der Leine ziehen. Der Mensch wird zu einem „Target" (englisch: Ziel/Zielpunkt) und zu einer angenehmen Komfortzone (Schutz, Sicherheit) zugleich. Würde jeder Welpenbesitzer seinen jungen Hund immer wieder für das Erreichen des Menschen und Bleiben in der Komfortzone großzügig markieren und belohnen, hätte ich sicher deutlich weniger Einzeltrainingstermine zum Thema Leinenführigkeit beim erwachsenen Hund. Für alle Quereinsteiger in dieses Thema gibt es aber einen strukturierten Übungsaufbau. Besonders die Besitzer derjenigen Kandidaten, bei denen man das Gefühl hat, sie haben einfach Spaß am Ziehen, werden sich erst einmal ein wenig umstellen müssen, aber dann großen Erfolg haben.

Fiete schnappt sich das nach hinten geworfene Leckerchen, damit er auf Abstand kommt.

Leinenführigkeit trainieren

Schritt 1: Ihren „Dunstkreis" finden

Ihr Hund muss für die ersten Schritte nicht unbedingt angeleint sein, kann es aber natürlich gern, am besten mit einer Länge von mindestens drei bis fünf Metern. Machen Sie Ihren Hund aufmerksam auf sich und bereiten Sie ihn darauf vor, dass es jetzt etwas Lustiges zu lernen gibt. Werfen Sie einen großen Keks mit dem Kommando „Schnapp´s dir!" so weit weg, wie es die Leinenlänge erlaubt (plus etwas Puffer), ohne dass der Hund ziehen muss. Der Hund wird damit vor der echten Übung systematisch auf Abstand gebracht, um dann als Kontrast das Herankommen belohnen zu können. Während der Hund den Keks sucht und frisst, drehen Sie sich von ihm weg und entfernen sich langsam von ihm. Der Hund erwartet nun, dass es noch mehr Leckerlis geben könnte. Er wird sich daher schnell wieder an Ihnen orientieren und zu Ihnen aufschließen. Befindet

Er schließt dann mit lockerer Leine zu Inka auf ...

... und darf sich auf seine Belohnung freuen.

sich der Hund so weit in Ihrem „Dunstkreis", wie Sie es für Ihre Leinenführigkeit gern hätten, markieren Sie mit dem Markerwort oder dem Clicker und füttern Sie Ihren Hund eng bei sich. Alternativ können Sie nach dem Markersignal auch eng am Körper mit einem Zergelspielzeug spielen. Tappen Sie nicht in die Falle, Ihre Belohnungsgegenstände schon als Lockmittel in der Hand zu halten, sondern zücken Sie die Kekse oder das Spielzeug erst, wenn Sie das Erreichen der Komfortzone markiert haben. Wir wollen nicht locken, sondern belohnen. Allein das Aufbauen einer Erwartungshaltung auf Belohnung durch das Werfen des ersten Kekses sollte bei dieser Übung Hilfe genug sein.

Wiederholen Sie diese Schritte und werfen den ersten Keks immer weniger weit weg. Sie verkürzen die Wurfweite immer mehr, bis Sie das erste Leckerchen nur noch vor die Pfoten des Hundes werfen und selbst Distanz durch Weggehen aufbauen. Ab diesem

Moment können Sie sich einen Keks bei jedem einzelnen Durchgang sparen: Leckerli vor die Pfoten des Hundes werfen – weggehen – das Ankommen des Hundes markieren – das mit dem Markersignal versprochene Leckerli direkt wieder vor die Pfoten legen – weggehen – das Ankommen des Hundes markieren – das mit dem Markersignal versprochene Leckerli direkt wieder vor die Pfoten legen und so weiter. Mithilfe dieser Endlosschleife sollten Sie bei vielleicht zehn Durchgängen durchaus insgesamt etwa 25 Meter Strecke zurücklegen – 25 leinenführige Meter mehr als vielleicht vor Beginn des neuen Trainings.

Schritt 2: Das Bleiben in der Komfortzone

Im nächsten Schritt müssen Sie dringend daran arbeiten, dass der Hund nicht nur die Komfortzone um Sie herum erreicht, sondern diese auch nicht wieder verlassen möchte! Wenn Sie diesen Schritt nicht systematisch trainieren, kommen Sie leider nie auf eine leinenführige Gassizeit von vielleicht zehn Minuten oder mehr.

Das allererste Verlängern der Dauer setzt genau am letzten Trainingsstand aus Schritt 1 an, allerdings mit einem kleinen entscheidenden Unterschied. Der Anfang bleibt gleich: Sie legen Futter vor die Pfoten des Hundes und gehen vom Hund weg. Der Hund schließt wieder zu Ihnen auf, aber nun markieren Sie nicht direkt für das Erreichen der Komfortzone, sondern nehmen Ihren Hund mit freundlichen Worten und einer säuselnden Stimme in Empfang, gehen dabei aber einige Schritte weiter. Markieren Sie mit Click oder Markerwort erst nach einigen Metern gemeinsamen Laufens, und legen die Belohnung wieder auf den Boden, um den nächsten Durchgang zu starten. Markieren Sie bei den folgenden Wiederholungen nach immer weiteren Strecken. Das begleitende Säuseln funktioniert in diesem

Selbst Wendemanöver läuft Janosch freudig mit.

Fall wie eine Art „Keep-Going"-Marker (englisch: Mach-so-weiter-Signal), um den Hund auch ohne das sofortige Markersignal nicht zu frustrieren. Mit der Zeit können Sie auch das Säuseln immer weiter reduzieren. Mit etwas Geduld sollten Sie so in wenigen Wochen auf längere Strecken und eine längere Dauer kommen.

Schritt 3: Wendungen

Ist Ihr Hund bei bisher trainierten geraden Strecken sicher, bauen Sie das Grundsystem weiter aus. Laufen Sie Schlangenlinien, biegen Sie nach rechts und links ab oder drehen Sie einfach um. Wenn Sie möchten, können Sie auch für verschiedene Abbiegemanöver unterschiedliche Wörter als Hinweis für den Hund einbauen. Zum Beispiel „Eng!", wenn es in Ihre Richtung geht, und „Achtung!", wenn es in die Richtung des Hundes geht. Jedes Mal, wenn Sie eine neue Schwierigkeit eingebaut haben, die der Hund brav mitläuft, dürfen Sie wieder großzügig belohnen, bei aufkommender Routine wieder weniger stark.

Achtung!

Ihr Hund muss für die Leinenführigkeit auf keinen Fall Blickkontakt zu Ihnen halten! Leinenführigkeit ist kein Bei-Fuß-Gehen wie im Hundesport! Achten Sie also darauf, auch zu markieren, wenn der Hund in Ihrem „Dunstkreis" ist und gleichzeitig woanders hinschaut!

Obwohl Sie für die optimale Lernatmosphäre und jede Menge Erfolg sorgen sollten, kann es in der Praxis vorkommen, dass Ihr Hund während der Trainingszeiten doch einmal an der Leine zieht. Wenn das passiert, ist das oberste Gebot, ihn ziehend nicht dort ankommen zu lassen, wo er hin möchte. Wenn Sie ihn regelmäßig innerhalb Ihrer Trainingsphase ziehend zu seinem Hundekumpel laufen lassen, ist das leider inkonsequent. Sie haben mindestens zwei Möglichkeiten, mit solchen „Fehlern" umzugehen:

1. Sie können den Hund möglichst fehlerfrei – also schnell! – in die Freizeit entlassen. Vielleicht drehen Sie noch einmal um, bleiben stehen oder gehen rückwärts von Ihrem Hund weg. Guckt der Hund kurz nach Ihnen, stöpseln Sie ihn schnell um oder geben zumindest ein kurzes Freigabesignal, um Ihr Training nicht zu boykottieren. Emotionale Stabilität steht immer über der exakten Ausführung einer Übung, also im Zweifelsfall lieber auf Kommando aufhören als verkrampft weitertrainieren.

2. Ist der Hund nicht ganz so hoch erregt, zieht aber trotzdem, nutzen Sie sein potenzielles Ziel als Belohnung. Dies wäre wieder eine „Bingo"-Variante. Möchte Ihr Hund zum Beispiel an der Duftmarke eines anderen Hundes schnuppern, versuchen Sie, leinenführig dort anzukommen. Wenn der Hund ziehen möchte, hindern Sie ihn am Weiterkommen: Gehen Sie rückwärts, kehren Sie um, gehen Sie eine Kurve, führen Sie Ihren

Hund weg, aber: Bitte rucken oder reißen Sie niemals absichtlich an der Leine! Versuchen Sie dann erneut in die vom Hund gewünschte Richtung zu gelangen. Schafft er es ein wenig dichter an das Ziel heran, ohne zu ziehen, dürfen Sie direkt das „Bingo"-Signal geben und zusammen mit dem Hund zum Ziel laufen. Übersteigen die Kräfte Ihres Hundes Ihre eigenen Kräfte so sehr, dass Sie ihn nicht halten können, lesen Sie bitte den Abschnitt „Mögliche Hilfsmittel".

POSITIONSTRAINING

Zusätzlich zum normalen Leinenführigkeitstraining macht es Sinn, dem Hund klar definierte Positionen am Menschenbein auf eigene Wortsignale zu legen. So kann man den Hund sicherer durch bestimmte Gefahrensituationen dirigieren. Ich spreche dabei nicht vom Kleben am Bein, wie es im Hundesport üblich ist, aber zumindest von Positionen rechts und links neben oder hinter den menschlichen Beinen. Blickkontakt zum Menschen ist hierbei hilfreich, und somit wird der Unterschied zur normalen Leinenführigkeit etwas klarer. Für das Einführen dieser Position eignet sich hervorragend das Handtarget. Der Hund lernt dabei, mit seiner Nase an Ihre Hand zu stupsen.

Basisübung 2 – Das Handtarget

Schritt 1: Neugierde nutzen

Wir machen unseren Hund neugierig auf die Hand, indem wir ihm recht theatralisch nacheinander ein paar Kekse aus einer Hand geben. Die Hand greift zum Futter, wird dann als geschlossene Faust langsam zum Hundemaul geführt und der Hund wird gefüttert. Das Ganze ruhig zwei- bis dreimal wiederholen.

Anschließend greifen wir erneut theatralisch zum Futter, nehmen diesmal nicht wirklich einen Keks in die Hand, führen aber trotzdem die Hand runter zum Hundemaul, als hätten wir einen Keks. Der Hund wird neugierig zur geschlossenen Faust gucken, denn er erwartet ein Leckerchen in der Hand. Genau in dem Moment, in dem die Hundenase die Hand berührt, markieren wir den Hund mit Clicker oder Markerwort. Das Leckerchen für den Click geben wir jetzt mit der Clickerhand (ein Hoch auf die dazugehörigen Armbänder, denn so kann man den Clicker kurz hängen lassen) einfach in die stillgehaltene Targethand hinein, und der Hund darf dann dort fressen. Wiederholen Sie das Ganze mehrfach und fangen Sie dann an zu variieren: Setzen Sie die Targethand mal links, mal rechts neben den Hundekopf, mal oben, mal unten, mal in der Bewegung (laufen Sie dabei rückwärts vom Hund weg) und mal so vom Körper abgewandt, dass der Hund

Fido wird zuerst in eine Futtererwartungshaltung gebracht.

Vor lauter Neugier berührt Fido die Hand auch ohne Futter.

die Nase von Ihnen wegdrehen muss. Sobald der Hund verstanden hat, dass der Umweg über die leere Hand ihn zum eigentlichen Ziel „Leckerchen" führt, sollten Sie die Hand von Versuch zu Versuch immer weiter öffnen – bis zur flachen Hand.

Schritt 2: Häufigkeit und Interesse vertiefen

Hat Ihr Hund dieses Spiel verstanden, sollten Sie die Idee vom Handtarget im Hundegehirn weiter vertiefen, indem Sie mehrere Wiederholungen am Stück abfragen. Dabei sind drei Aspekte wichtig:

1. Setzen Sie Ihre Hand nach jedem Berühren des Hundes bewusst und deutlich an eine andere Stelle um, zum Beispiel von links nach rechts.

2. Wenn Sie die erste Berührung des Handtargets nicht markieren (weil Sie ein zweites Mal Berühren abfragen möchten), loben Sie Ihren Hund trotzdem mit Ihrer Stimme! Ein paar gesäuselte Lobworte wirken motivierend und

können das Weiterarbeiten bis zum wirklichen Markieren für den Hund erleichtern.

3. Fragen Sie nicht systematisch immer mehr Berührungen ab, sondern wechseln Sie immer wieder zwischen leicht und schwer, also zwischen einmal und mehrmals. Auch das trägt seinen Teil dazu bei, dass der Hund das Interesse nicht verliert und hochmotiviert mitarbeitet.

Schritt 3: Am Target kleben

Die Königsdisziplin des Handtargets ist das Kleben der Hundenase an der Hand, egal, was die Hand gerade macht. Bis jetzt kennt der Hund bewusstes einzelnes Stupsen; nun geht es darum, die Dauer des Nasenkontakts zu verlängern.

Fragen Sie das Handtarget neben Ihrem Körper ab, loben Sie Ihren Hund nur mit der Stimme und ziehen dann die Hand langsam von der Nase weg. Sie können dabei rückwärts vom Hund weggehen, um ihm etwas Platz zu machen. Die meisten Hunde werden erst einmal irritiert nach dem ersten Anstupsen wieder von der Hand ablassen, aber wenn Sie weiter konzentriert bleiben und versuchen, die Trainingsspannung zu halten, kommen sie schon nach kurzer Zeit auf die Idee, sich doch noch intensiver mit der Hand zu beschäftigen.

Oft wird der zweite Versuch länger und/oder mit mehr Kraft ausgeführt, und genau diesen Moment markieren Sie! Setzen Sie nach diesem ersten Schritt immer schwerere Ziele, aber trainieren Sie immer variiert, mal leicht, mal schwer. Am Ende können Sie dann Ihre Hand stillhalten, und der Hund klebt so lange mit der Nase fest, bis Sie die Übung auflösen.

Schließlich kann Karoline Fido mit dem Handtarget in jede gewünschte Position führen.

Nun können Sie das Handtarget für Ihre Zwecke einsetzen. Es zeigt dem Hund, wo seine Position am Bein sein sollte, denn ist die Nase auf der richtigen Höhe, ist es der Rest des Hundes auch. Überlegen Sie sich einfach, welches Ihre Wunschposition ist, und zeigen Sie sie Ihrem Hund mit Ihrer Hand. Fragen Sie das Handtarget zuerst nur ein einziges Mal auf der exakten Position ab und verlängern Sie die Strecken dann systematisch.

Wenn der Hund mit dem Handtarget eine ungefähre Vorstellung von der Position und auch ein wenig Ausdauer entwickelt hat, benennen Sie jede Seite mit einem Wortsignal, zum Beispiel „Geh da" und „Bei mir" oder „Links" und „Rechts". Das Signal sagen Sie immer kurz bevor Sie den Hund mit der Hand einweisen, und dann auch, während der Hund die Position hält, damit er eine Verknüpfung erstellen kann.

Um dieses Positionstraining weiter zu generalisieren, sind Seiten- und Richtungswechsel hervorragend geeignet. Überlegen Sie sich verschiedene Möglichkeiten, den Hund von links nach rechts zu manövrieren, zum Beispiel hinter Ihrem Rücken oder vorn über Ihre Frontseite. Probieren Sie, dabei die Richtung zu wechseln, nach hinten, rechts und links. Bringen Sie Ihrem Hund diese Wechselspielchen in unspektakulären Situationen bei, haben Sie später gute Möglichkeiten, schnell und zügig den Abstand zu verschiedenen Erregungsauslösern zu vergrößern, auch wenn Ihr Hund dann aufgeregter ist.

MÖGLICHE HILFSMITTEL

Fast alle Hilfsmittel, die beim Training der Leinenführigkeit helfen sollen, lehne ich strikt ab. Dazu gehören zum Beispiel Kettenhalsbänder, Stachelhalsbänder, Geschirre, die in die Achseln einschneiden, und natürlich auch eng gewickelte Verschnürungen, die den Hund durch das Einschränken der Bewegungsfreiheit einfach rein physisch am Laufen hindern. Ich lehne diese Dinge ab, weil sie die Hunde in der Regel einschüchtern, ihnen Angst machen, ihnen Schmerzen bereiten und einfach ein Verhalten abstellen wollen, das der Hund ganz bestimmt nicht an den Tag legt, um uns zu ärgern. Der Hund kann nicht aus seiner Haut heraus, und bei einigen Hunden muss man leider auf theoretisch banale Dinge wie Leinenführigkeit praktisch sehr viel Trainingszeit verwenden, bis alles so klappt, wie man es sich vorstellt.

Ein Hilfsmittel allerdings nutze auch ich hin und wieder: nämlich ein sogenanntes Kopfhalfter. In der Regel verwenden wir hierbei das Modell Gentle Leader®. Es gibt Hund-Mensch-Konstellationen, in denen der Hund dem Menschen an Kraft so überlegen ist, dass für den Menschen wirklich jeder Spaziergang zu einer absoluten Qual wird. Auch der Mensch hat Anspruch darauf, ein sorgenfreies Leben zu führen, daher bin ich in solchen Fällen durchaus bereit, den Kompromiss mit dem Gentle Leader® einzugehen. Leider haben starke, mächtige Hunde innerhalb kürzester Zeit so viel Erfolg durch Ziehen erlebt, dass es manchmal auch aus Trainingssicht Sinn macht, die

Finlay wird für das Tragen des Kopfhalfters ausgiebig belohnt.

Karten neu zu mischen und damit eine neue Ausgangsposition zu schaffen.

Der Gentle Leader® wird im Training ähnlich aufgebaut wie der Maulkorb (siehe Kapitel „Mein Hund knurrt und beißt!").

Wenn der Gentle Leader® gut aufgebaut ist, kommt nur noch eine separate Übung hinzu, damit im Alltag keine Probleme auftauchen: Üben Sie mit Ihrem Hund in ruhigen Situationen, dass schon das kleinste Gefühl von Zug am Kopfhalfter eine sofortige Umorientierung zu Ihnen bedeutet. Dazu ziehen Sie die am Kopfhalfter befestigte Leine ein ganz kleines Stück (wirklich nur minimal!) in Ihre Richtung, geben anschließend sofort Ihr Aufmerksamkeitssignal (siehe Kapitel „Mein Hund kommt nicht, wenn ich ihn rufe!"), und belohnen Sie das Umsetzen des Signals fürstlich. So lernt der Hund: „Immer wenn sich die Leine stramm anfühlt, sollte ich ganz schnell zu Frauchen/Herrchen schauen." Das sollte Ihnen im Alltag helfen, dass der Hund am Kopfhalfter nicht zieht. Falls er dies doch einmal versucht, können Sie ihn zumindest festhalten.

Da der Gentle Leader® auch Risiken und Nebenwirkungen haben kann, empfehle ich Ihnen grundsätzlich, ihn mit einem erfahrenen Hundetrainer zusammen aufzubauen.

Mein Hund pöbelt Artgenossen an!

Hunde mit Begegnungsproblemen trifft man häufig. Sie pöbeln, wenn sie einen anderen Hund sehen, zerren an der Leine, drehen sich vor lauter Aufregung im Kreis oder bellen und fiepsen. Die Ursachen können je nach Hund unterschiedlich sein: Einige Hunde haben Angst vor ihren Artgenossen, andere wollen so gern spielen, dass sie an der Leine frustriert sind, wenn das gerade nicht möglich ist, und wieder andere haben vielleicht das Gefühl, die anderen Hunde könnten irgendetwas Wichtiges für sich beanspruchen wollen, was unbedingt verhindert werden muss.

Alle Ursachen haben in irgendeiner Form mit verrutschten Erwartungshaltungen und damit ungünstigen Emotionen zu tun. Daher ist die beste Lösung für dieses Problem, genau dort anzusetzen. Wir verändern mithilfe von Management Erwartungshaltungen und durch geschicktes Training die ungünstigen Emotionen, bis der Hund Begegnungen gelassener übersteht.

MANAGEMENTIDEEN

Dass der Hund nicht ständig überreagieren darf, ist die Grundvoraussetzung für das Gelingen von späteren Trainingsprozessen. Das heißt also, Sie müssen als Hunde-Eltern dafür sorgen, dass Ihr Hund keine ungewollte Hundebegegnung im Freilauf hat und in angeleinten Situationen den Abstand bekommt, den er benötigt, um halbwegs ruhig zu bleiben. Es wird sicher zwischenzeitlich zu ungünstigen Erlebnissen kommen, weil unsere Umwelt nicht immer kalkulierbar ist, aber mit ein paar geschickten Wendungen und – wenn es nicht anders geht – ein paar Notlügen („Mein Hund hat Zwingerhusten! Nicht heranlassen, bitte!") werden Sie die meisten unangenehmen Begegnungen vermeiden können.

Wie groß der ideale Abstand zu anderen Hunden bei Ihrem Hund sein sollte, hängt von mehreren Faktoren ab: Wie ist die Tagesform Ihres Hundes? Was strahlt der andere Hund für Gefühle aus? Wie stressig ist das „Drumherum" der Begegnungssituation? Erinnert der andere Ihren Hund eventuell an einen bekannten Hund? Und nicht zu vergessen: Wie geht es Ihnen an diesem Tag, und wie schnell sind Sie im Timing? Zwischen zwei Metern und 50 Metern Abstand könnte also theoretisch alles möglich sein!

Wenn Ihr Hund mehr als 50 Meter Abstand benötigt, um nicht ausrasten zu müssen, sollten Sie am besten direkt vor Ort mit einem kompetenten Trainer zusammenarbeiten. Das Management soll dazu dienen, dass der Hund

1. die Pöbelanfälle nicht weiter als Strategie ritualisiert und
2. der Selbstbelohnungseffekt innerhalb dieser Anfälle nicht weiter gegen Sie arbeitet. Dabei kann Erleichterung ein sehr mächtiger Verstärker sein.

Echte Fortschritte werden Sie aber nur mit fleißigem Training erzielen.

Der richtige Arbeitsabstand kann bei jedem Hund unterschiedlich sein.

EMOTIONALES GEGENKONDITIONIEREN

Bei dieser Art des Trainings wird der wahre Vorteil des Markertrainings erst richtig deutlich. Ziel ist es, schlechte Emotionen in gute Emotionen zu verwandeln und gleichzeitig den Hund im Modus des aktiven Mitdenkens zu halten, damit er nicht in ein Erregungsniveau rutscht, in dem er nicht mehr ansprechbar ist. Der Clicker ist dabei eine unerlässliche Hilfe, da er als Ankündigung auf eine Belohnung quasi auf Knopfdruck Glücksgefühle im Hund ausschüttet.

Stellen Sie sich vor, ich würde Ihnen sagen, dass ich Ihnen nachher Schokoladeneis mitbringe, vorausgesetzt, Sie mögen Schokoladeneis. Allein die Ankündigung wird Ihnen ein gutes Gefühl verschaffen und natürlich später auch das Eis selbst. Beim Hund wird dieses Glücksgefühl durch den Clicker angekündigt und mit dem Anblick von fremden Hunden gekoppelt, um die gesamte Begegnungssituation für den Hund positiv zu gestalten. Da wir den Clicker mit einer Belohnung verknüpft haben, die von uns aus gegeben wird, haben wir wieder eine automatische Umorientierung zu uns eintrainiert, und dies wiederum hilft uns dabei, die Situation dauerhaft zu entschärfen.

Basisübung 3 – Click für Blick (emotional gegenkonditionieren)

Schritt 1: Auslöser beclicken

Im ersten Schritt dürfen Sie genau die Momente beclicken, die Sie wohl intuitiv nicht beclickt hätten, denn nicht das Ablenken von fremden Hunden ist das Ziel, sondern das bewusste Auseinandersetzen mit Ihnen.

Sehen Sie aus der Ferne einen anderen Hund, beobachten Sie Ihren Hund genau. Sobald er den anderen Hund wahrnimmt, clicken und füttern Sie anschließend bei sich am Körper. In der Regel schauen die Hunde, die Begegnungsprobleme haben, zum Auslöser hin, aber es würde auch ein Ohrzucken in die richtige Richtung ausreichen. Wenn Sie das Gefühl haben, irgendetwas im Hund beschäftigt sich mit dem anderen Hund, ist genau der richtige Zeitpunkt, um zu clicken. Sie clicken also das Wegorientieren, aber füttern immer an Ihrem eigenen Körper, sodass eine Art Pendelbewegung entsteht: Blick zum Hund – click – füttern bei Ihnen – Blick zum Hund – click – füttern bei Ihnen. Anfangs ist dieser Schritt unglaublich belohnungsintensiv, aber das ist überhaupt nicht schlimm, denn bei jedem Click fühlt Ihr Hund sich insgesamt besser. Je näher der andere Hund dann herankommt, desto öfter werden Sie wahrscheinlich clicken müssen. Vielleicht müssen Sie auch nach ein paar Clicks umkehren, um den Abstand zu vergrößern.

Falls Ihr Hund sich nach dem Click nicht freiwillig zu Ihnen umdreht, um die Belohnung einzufordern, dürfen Sie gern Futterbringservice anbieten, das heißt, Sie halten das Futter vor die Hundenase und ziehen den Hund damit ein wenig in Ihre Richtung, um dann schnell zu füttern. Sie können das Futter auch vor seiner Nase sichtbar auf den Boden fallen lassen. Nimmt der Hund partout kein Futter an, können Sie für solche Begegnungen besonderes Futter verwenden, zum Beispiel eine gefüllte Futtertube. Nimmt der Hund rein gar nichts als Belohnung von Ihnen, ist das Erregungsniveau wahrscheinlich schon zu hoch, und Sie müssen die gesamte Trainingssituation überdenken. Ist Futter für Ihren Hund eine ausreichend starke Ressource? War der Abstand eventuell doch noch zu dicht? Auch wenn der Hund anfangs noch gut Futter nimmt, kann es passieren, dass in einem bestimmten Abstand doch eine Eskalation im Anmarsch ist. Dann müssen Sie schnell reagieren: Entweder Sie drehen rechtzeitig und schnell um oder biegen ab, oder aber Sie müssen versuchen, Ihren Hund so ruhig wie möglich zu halten, indem Sie eine einfache statische Übung von ihm einfordern (zum Beispiel Sitz) und ihn ablenken. Das Ablenken ist kein Training, sondern einfaches Management. Es wird Sie also dauerhaft nicht weiterbringen, verhindert aber eine Eskalation.

Shiva sieht den anderen Hund und wird geclickt.
Anschließend dreht sie sich in Frauchens Richtung, um ihren Keks zu bekommen.

Haben Sie schon einige Begegnungen nach diesem System trainiert, werden Sie merken, dass Sie immer später mit dem Management beginnen müssen und immer länger innerhalb der Situation Click für Blick trainieren können. Schon allein in diesem Schritt werden viele Hunde erfolgreich rehabilitiert und können insgesamt viel entspannter unterschiedliche Begegnungen meistern.

Erwarten Sie aber nicht zu viel von Ihrem Hund. Es wird lange dauern, bis die gesamte Situation angenehm im Hundehirn verknüpft ist. Machen Sie sich keine Sorgen, falls Sie aus Versehen clicken, wenn Ihr Hund schon anfängt, zu knurren oder zu bellen, denn das ist völlig in Ordnung. Ihr Hund wird so aufgeregt sein, dass er nicht knurrt, um zu knurren, sondern das Knurren einfach ein Ausleben seiner Gefühlswelt ist. Da er also nicht bewusst ein Verhalten zeigt, kann man dieses mit dem Click auch nicht verstärken, sondern man beeinflusst weiterhin die Emotionen ins Positive. Schön ist es allerdings trotzdem, wenn Ihr Hund so geschickt in den richtigen Abständen geführt wird, dass er sich gar nicht genötigt fühlt, so heftig auf den anderen Hund zu reagieren.

Schritt 2: Freiwilliges Umorientieren markieren

Der zweite Schritt beginnt ganz unbewusst und völlig automatisch schon in Schritt 1. Da jede Wahrnehmung eines anderen Hundes sofort beclickt wird, wird das Auftauchen eines anderen Hundes für viele Hunde zu einem neuen Signal. Der Hund lernt: „Immer wenn ich einen anderen Hund sehe, werde ich markiert und bekomme bei Frauchen/Herrchen einen Keks." Dadurch passiert es im Lauf der Zeit, dass Ihr Hund einen fremden Hund sieht und sofort zu Ihnen schaut in der Hoffnung, einen Keks abzugreifen. Auch dieses Verhalten, also den Blickkontakt zu Ihnen, sollten Sie großzügig belohnen. Uns zeigt dieses freiwillige Angebot, dass das Auftauchen des anderen Hundes kein starker Auslöser mehr ist, sondern eher eine Ankündigung auf die Kontaktaufnahme zu Ihnen. Das ist ein riesengroßer Erfolg, den Sie feiern dürfen!

Sie werden zunächst immer wieder zwischen Schritt 1 und 2 hin- und herspringen müssen. Bei einigen Hunden an besonderen Tagen in bestimmten Umgebungen wird Ihr Hund noch sehr viel Click für Blick aus Schritt 1 brauchen, um die Situation ruhig zu überstehen. In anderen Begegnungen wird er immer wieder freiwillig zu Ihnen schauen und Ihnen damit quasi zeigen, dass da jetzt ein Hund kommt. Gestehen Sie Ihrem Hund auch gute und schlechte Tage zu – genau wie sich selbst!

Schritt 3: „Zusäuseln" als Brücke

Ist Ihr Hund schon viel gelassener geworden, aber Sie kommen irgendwie nicht so recht vom Futter weg? Das ist erst einmal kein großes Problem, denn die Hauptsache ist, dass es Ihrem Hund besser geht und Sie entspannter spazieren gehen können. Den Wunsch, irgendwann nicht mehr so stark eingreifen zu müssen, kann ich trotzdem gut verstehen.

In meinem Training setze ich in solchen Phasen sehr gern andauerndes Stimmlob ein, man könnte es auch „Zusäuseln" nennen. Clicken Sie weniger oft für das Hinsehen zu Hunden, aber bequatschen Sie Ihren Hund fröhlich weiter, bis Sie dann doch Ihren nächsten Click setzen: Der Hund sieht einen Hund – click – Futter bei Ihnen – Hund sieht Hund – „Prima machst du das! Was für ein feines Hündchen ich habe! Das machst du ganz tüchtig, feiner, kleiner Hund, weiter so! Du schaffst noch ein Stück, genauso ist es richtig!" – click – Futter bei Ihnen. Irgendwann im Lauf des Trainings werden Sie nur noch ab und zu ein „Fein" fallen lassen und am Ende für die absolvierte Begegnung einmal clicken und füttern müssen.

Diese Übung ist einfach toll, weil Sie Begegnungen mit anderen Hunden immer mehr als Trainingschancen wahrnehmen werden und viel weniger als Stressauslöser für alle Beteiligten.

Sie können die Abstände zu den anderen Hunden auch hervorragend innerhalb des Trainingsablaufs beeinflussen. Wenn Sie zum Beispiel einen Schritt vorgehen, damit Ihr Hund den anderen Hund sieht und Sie clicken können, können Sie beim Füttern fünf Schritte rückwärtsgehen. Schon ist der Abstand wieder größer. Sie können sich aber ebenso gut näher heranarbeiten, indem sie fünf Schritte vorgehen, clicken und im Stehen füttern. Je nach Situation haben Sie ideale Möglichkeiten, zu entschärfen oder einen Schritt weiter zu kommen. Wenn Sie sich irgendwann sicher sein können, dass Ihr Hund den anderen Hund nett begrüßen könnte, dürfen Sie auch langsam so weit an den anderen Hund heranpendeln, dass es zu kurzen Nasenbegrüßungen kommt. Meine Hündin Lane bekommt hierfür dann ein Extrasignal („Kontakt"), damit Sie weiß, dass es nun um eine Art Targetübung geht und nicht mehr nur um das Hinschauen.

BENENNEN DER UMWELT

Wenn Sie Ihren Hund nach dem emotionalen Gegenkonditionieren noch etwas sicherer trainieren möchten, bietet sich das Benennen der Umwelt an. Versuchen Sie, andere Hunde zum Beispiel mit dem Signal „Ein Hund!" zu betiteln, idealerweise kurz bevor der Hund sowieso hingeschaut hätte. Sie dürfen auch gern in die Richtung zeigen, aus der der andere Hund kommt. Schaut Ihr Hund zum anderen hin, dürfen Sie natürlich gern sofort wieder clicken und füttern oder mit der Stimme loben.

Im Lauf der Zeit wird daraus ein kleines Clickerspiel. Sie geben das Signal „Ein Hund", und Ihr Hund wird anfangen, die

Umwelt abzuscannen, um einen Hund zu finden, den er durch Blickkontakt zu Ihnen anzeigen kann. Befindet sich der Hund in einem solchen Trainingsmodus, hat er kaum noch Gelegenheit, sich so aufzuregen, dass es zu einer Eskalation kommt. Dieses Spiel funktioniert allerdings nur, wenn Ihr Hund tatsächlich keine starken Probleme mehr hat und insgesamt nicht mehr in einem extrem hohen Erregungsniveau unterwegs ist. Ist er noch zu aufgeregt, kann es passieren, dass das Signal „Ein Hund" zu einer Ankündigung für besonders starke Aufregung wird.

„Wo ist der Hund?"

PROBLEME MIT ANDEREN TIEREN, MENSCHEN, GEGENSTÄNDEN UND GERÄUSCHEN

Die Technik „Click für Blick" eignet sich nicht nur für Probleme bei Hundebegegnungen, sondern Sie können Ihrem Hund alles „schönclicken", was er irgendwie seltsam, bedrohlich oder unangenehm findet beziehungsweise finden könnte: Menschen, Autos, Kühe, das Hämmern im Nachbargarten, die Mülltonne an der Straße oder aber auch das Vorfahren des Postboten.

Es geht bei dieser Übung nicht ausschließlich um das Sehen eines Reizes, sondern auch um das Hören und eventuell sogar das Riechen, wobei Letzteres für uns Menschen schwer zu erkennen ist. Aber selbst für das Riechen kann man gezielt Situationen stellen.

Hier ein Beispiel aus meinem Training: Beaglehündin Muffin fand andere Hunde aus Prinzip nicht angenehm. Sie hat ihre Begegnungsprobleme mithilfe der Click-für-Blick-Technik von ihrem Frauchen sehr nachhaltig aufgelöst bekommen, aber in bestimmten Situationen konnte man merken, wie sehr sie der Geruch von fremden Hunden zum Teil noch aufregte. In einer meiner Agility-Gruppen in einer Reithalle war zu erkennen, wie sie die Spuren der vorher gelaufenen Hunde verfolgte und sich langsam in Rage bellte. Im ersten Schritt wurde das Riechen am Boden geclickt, aber der entscheidende zweite Schritt war etwas komplexer. Wir haben mit Geruchsproben von Hunden auf Stoff (verpackt in Gefrierbeuteln) intensiv

Fiete sieht das Pferd, wird geclickt ...

... und erhält anschließend seine Belohnung von Inka.

das Riechen von Hundegeruch „schöngeclickt“: ein weiterer kleiner Baustein für Muffin, andere Hunde als ungefährlich abzuhaken.

Auch bei der Integration einer meiner Hunde in meine eigene Familie hatten wir mit „Click für Riech“ tolle Erfolge. Als ich regelmäßig bei meiner Sally und ihren Wurfgeschwistern zu Besuch war, habe ich den Geruch zu meiner Dixie, die andere Hunde überhaupt nicht mochte, mit nach Hause gebracht und sie für das Abschnuppern intensiv gelobt. Bei der ersten Begegnung der beiden steckte Dixie die Nase in die Luft, schnupperte und nahm sofort, als sie Sallys Duft gerochen hatte, positiven Kontakt zu ihr auf. Für mich der Beweis, dass das Training über positive Verknüpfungen, egal über welchen Kanal es läuft, letztlich die einzig erfolgreiche und gleichzeitig stressfreie Arbeit mit Hunden ist. Die wichtigste und intensivste Übung in meiner Welpenschule ist daher das „Schönclicken“ von sämtlichen potenziell gefährlichen und gruseligen Umweltreizen. In meinen Augen ist dies die beste Präventionsarbeit gegen Ängste und Aggressionen.

Mein Hund jagt Jogger, Radfahrer oder Autos!

Nicht nur für den Hund selbst, sondern auch für unsere gesamte Umwelt ist das Jagen von Fahrzeugen oder Menschen eine gefährliche Angelegenheit. Aus Hundesicht ist das völlig unproblematisch, denn der Hund macht nur, was seine Gene und sein bisher Erlerntes ihm vorgeben. Aus Menschensicht ist dieses Verhalten allerdings absolut unerwünscht, peinlich und vor allem riskant.

Der Hund ist ein Beutegreifer. Ihm liegt es quasi im Blut, Dinge, die sich schnell bewegen, hetzen zu wollen. In früheren Zeiten hat dieser Reflex sein Überleben gesichert. Leider lösen auch heute noch schnelle Bewegungen bei relativ vielen Hunden diesen Hetzreflex aus. Glücklicherweise ist das Stoppen per Reinbeißen nicht automatisch inklusive. Aber das Hetzen allein ist auch für sich schon problematisch genug.

Bevor Sie sich mit dem Management und Training beschäftigen, überlegen Sie einmal genau, wie wichtig Ihrem Hund das Hetzen ist. Bedeutet es ihm sehr viel, müssen Sie einen Kanal schaffen, den er zum Ausleben seiner Vorliebe nutzen darf, der Sie als Hundehalter und unsere Umwelt aber nicht stört oder gefährdet. Das können zum Beispiel kontrollierte Reizangelspiele sein, oder ganz allgemein gesprochen: Zerrspiele mit Spielzeug.

SPIELEN: WICHTIGER KANAL UND IMPULSKONTROLLÜBUNG

Mit der Reizangel und mit Zerrspielzeug lassen sich hervorragend zwei Fliegen mit einer Klappe schlagen: Der Hund kann kontrolliert Energie ablassen und gleichzeitig können Sie hervorragend die Impulskontrolle Ihres Hundes verbessern!

Terrierdame Leila kann beim Spielen mit Linda Energie ablassen.

Wir benutzen zum Spielstart ein sehr verbindliches Spielsignal (zum Beispiel „Pack ihn!" oder „Schnapp's dir!") und ein positiv trainiertes Ausgabesignal (zum Beispiel „Danke"), was zu Beginn einen Tausch gegen hochwertiges Futter ankündigt. Das bedeutet für Ihren Hund: Wenn Sie kein Spielsignal geben, sondern ohne Signal mit dem Spielzeug wackeln, sollte der Hund auch nicht hineinbeißen! Der große Fehler bei dieser Art der Impulskontrollübung ist häufig, dass die Menschen ihrem Hund ein Signal fürs Warten geben möchten, damit der Hund es leichter hat. Trainiert man aber mit einem Sitz-/Platz-/Warte-Signal, lernt der Hund nur eine bessere Gehorsamsübung kennen. Die eigentlich dahinterliegende Schlüsselkompetenz der Impulskontrolle wird dabei aber nur geringfügig verbessert. Deshalb mein Tipp: Geben Sie kein Signal, sondern gestalten Sie die ersten Schritte so einfach, dass der Hund sie auch ohne Warte-Signal schafft.

Nehmen Sie zum Beispiel Ihr Spielzeug zuerst deutlich hoch über Ihre Schulter und bewegen Sie es nur ganz vorsichtig von links nach rechts. Hält der Hund diesem Reiz einen Augenblick stand, heißt es „Pack ihn!", und das Spiel geht weiter. Von Mal zu Mal können Sie die Anforderungen steigern und das Spielzeug immer tiefer und immer zackiger bewegen, auch im weiteren Verlauf ohne ein Warte-Signal. Versucht der Hund in einem der Trainingsschritte doch einmal das Spielzeug vorzeitig zu packen, nehmen Sie es schnell hoch, sodass er nicht mehr herankommt, und versuchen es erneut.

Eine Königsdisziplin wird in dem Moment daraus, in dem Sie das Spielzeug nicht mehr nur mit Ihrer Hand bewegen, sondern es tatsächlich werfen – zuerst vorsichtig und langsam, später aus vollem Tempo. Eventuell benötigen Sie hierfür eine Hilfsperson, die im Zweifelsfall den Zugang zum Spielzeug verwehren kann, indem sie es schnell hochnimmt, falls der Hund doch durchstartet.

Training in ganz kleinen Schritten ist sehr wichtig, um den Hund nicht wegen permanenter Fehler zu frustrieren. Üben Sie auch nicht zu viel Impulskontrolle mit Ihrem Hund, denn er hat nur eine begrenzte Menge davon zur Verfügung. Muss der Hund im Alltag schon unglaublich viel Impulskontrolle zeigen, weil Ihre Lebenssituation viele spannende Reize und Möglichkeiten bietet, denen er nur selten nachgehen kann, sollten Sie nur sehr wenig Impulskontrolle mit ihm trainieren. Üben Sie zu häufig und zu lange, kann die Impulskontrolle im Alltag aufgebraucht sein und der Hund schafft es in den entscheidenden Situationen nicht mehr, sich zu beherrschen. Um das zu verhindern, werfe ich innerhalb meiner Trainingsphase auch immer wieder mal mit dem sofortigen Signal „Pack ihn!" das Spielzeug, damit der Hund direkt durchstarten kann.

MANAGEMENTIDEEN

Auch bei diesem Problem muss zunächst das Management stimmen, bevor es ans Training geht! Eine Schleppleine, ein Brustgeschirr und eine stabile kurze Leine

„Click für Blick" funktioniert auch bei Joggern: Snoopy sieht den Jogger, wird geclickt …

… und anschließend bei Annette belohnt.

sind unerlässlich, um den Hund sicher führen zu können. Es gilt immer: Safety first – Sicherheit geht vor! Auch die Arbeitsabstände zu den Hetzauslösern sollten geschickt gewählt werden, sofern Ihnen der Alltag keinen Strich durch die Rechnung macht. Je öfter Ihr Hund ins Hetzverhalten an den falschen Gegenständen oder Lebewesen entgleitet, desto fester wird dies in seinem Gehirn verankert. Also gehen Sie vorausschauend spazieren und vergrößern Sie rechtzeitig den Abstand.

Trotzdem ist und bleibt Hetzen genetisch fixiert. Das heißt, man kann es dem Hund nicht einfach verbieten, denn es bricht bei den meisten Hunden immer wieder an anderer Stelle hervor. Wenn Sie das Gefühl haben, Ihr Hund schafft eine Situation noch nicht im Trainingsmodus, können Sie versuchen, ihm als Alternative das Hetzen Ihres Spielzeugs anzubieten. Das ist bei vielen Hunden allerdings nur eine Managementlösung, weil das Erregungsniveau extrem hoch bleibt und die Alternative noch nicht zum Ziel führt. Aber zumindest unterbrechen Sie die Kette, und das (aus unserer Sicht) „Fehlverhalten" kann sich nicht weiter etablieren. Bei einigen

„Wunderhunden", bei denen das Problem nicht so stark ausgebildet ist, führt dieses „Tauschgeschäft" schon zu einem entscheidenden Durchbruch. Solche Hunde schaffen es, den nahenden Jogger, das nahende Auto oder den herankommenden Fahrradfahrer als Ankündigung für eine Spieleinheit zu verknüpfen, wenn Ihr Timing stimmt und Sie direkt nach dem ersten Sichtkontakt anfangen zu spielen. Dies merken Sie daran, dass Ihr Hund, sobald er etwas zum Hetzen sieht, sich zu Ihnen umdreht, mit Ihnen spielen möchte und das Spiel keinen völlig überdrehten Charakter hat, sondern relativ normal und ruhig verläuft. Alle anderen Hunde sollten das klassische Trainingsprogramm aus den folgenden Kapiteln durchlaufen.

FREIWILLIGES STOPPEN IST BESSER ALS HETZEN

Das Hetzen ist in der Regel ein Bestandteil aus einer Kette von mehreren Verhaltensweisen, die mit einer „Jagd" einhergehen. Jeder Hund zeigt vor dem Durchstarten mindestens ein anderes Verhalten, was aus unserer Sicht völlig akzeptabel ist. Einige Hunde gucken gebannt auf den nahenden Fahrradfahrer, andere Hunde zeigen sogar das Vorstehen. Dabei ist eine Vorderpfote meist in der Luft und der Hund steht gespannt wie ein Flitzebogen in Richtung seines Ziels.

Gucken und Vorstehen sind zwei Beispiele für Verhaltensweisen, die wir unbedingt markieren und belohnen sollten, denn beides ist besser als Hetzen. Wenn Sie das Hinschauen zum Auslöser markieren, verfahren Sie nach der Click-für-Blick-Technik aus dem Kapitel „Mein Hund pöbelt Artgenossen an!". Sie clicken für das Hinschauen und füttern vom Auslöser weg bei sich selbst am Körper, sodass eine Pendelbewegung entsteht.

Es kann sein, dass das Verhalten für den Hund so selbstbelohnend ist, dass Sie überlegen müssen, welchen Verstärker Sie überhaupt einsetzen können. Im Bereich Futterbelohnung sollten Sie kreativ werden. Neben für den Hund hochwertigen Tubenbelohnungen können Sie auch mit normalen Keksen für mehr Stimmung sorgen, indem Sie sie rollen lassen oder ins Gebüsch werfen, damit der Hund zusätzlich suchen muss. Haben Sie keine Möglichkeit, Ihrem Hund eine Belohnung zu geben, weil er in dieser Situation nichts annimmt, versuchen Sie, während er nur guckt oder vorsteht, ruhig und freundlich mit ihm zu sprechen. Dafür nutze ich allerdings kein Markersignal, sondern andauerndes Stimmlob. In diesem Fall wäre ich nur etwas weniger enthusiastisch, um die Spannung möglichst lange zu halten und damit das Hetzen hinauszuzögern oder zu verhindern.

Warten Sie auf jeden Fall nicht auf den Fehler, um dann zu bestrafen (das wird Ihnen sowieso keinen Erfolg bringen), sondern versuchen Sie, rechtzeitig einzugreifen, bevor der Hund hetzt. Belohnen Sie alle freiwilligen Angebote, die er Ihnen macht, die noch nichts mit Hetzen zu tun haben.

Möchten Sie das Lauern oder Vorstehen noch zuverlässiger vom Hund gezeigt bekommen, können Sie auch dies mit einem Spielzeug trainieren. Es bieten sich hierfür meist Katzenspielzeuge mit integrierten Glöckchen oder knisternden Geräuschen an. Versuchen Sie, das Spielzeug wie ein Mäuschen durchs Gras huschen zu lassen. Achten Sie dabei auf den Hund: Legt er sich auf die Lauer nach dem Spielzeug oder steht vor, dürfen Sie dies wieder großzügig belohnen, entweder mit Click und Futter oder mit der Freigabe zum Spielen.

SYSTEMATISCH BREMSEN ÜBEN: STEH UND PLATZ

Eine Gehorsamsübung, die viele Hunde im Angesicht eines potenziell hetzbaren Objekts besser schaffen können, als sich davon wegzudrehen, ist ein einfaches Stoppen auf Kommando. Bei Hunden, die es lieben, sich ins Platz zu werfen, übe ich gern ein schnelles, zackiges Hinlegen, bei allen anderen ein sofortiges Stehenbleiben auf Signal.

Basisübung 4 – Das Notfall-Stopp im Stehen

Schritt 1: Erste Idee entlocken

„Bewaffnen" Sie sich mit Futter und zeigen Sie Ihrem Hund, dass er sich etwas verdienen könnte. Laufen Sie rückwärts vom Hund weg, er darf dabei an der Futterhand „kleben". Das bedeutet für Sie, dass Sie die Hand etwa auf Kopfhöhe des Hundes halten sollten.

Geben Sie Ihr neues Signal für das Stoppen (zum Beispiel „Halt", „Stopp" oder „Steh") und bremsen anschließend den Hund sofort mit der Futterhand aus, ohne dass er sich verletzen kann. Sobald der Hund stillsteht, clicken und belohnen Sie ihn fürstlich immer wieder direkt aus der Hand. Die Hand bleibt vorerst an der Nase des Hundes, während Sie ihn füttern. Wenn Sie ausreichend belohnt haben, geben Sie ein Auflösekommando, damit der Hund weiß, dass er sich jetzt wieder bewegen darf.

Nach einigen Wiederholungen variieren Sie die Technik: Der Anfang bleibt wie bisher, aber das Belohnen verändert sich etwas. Wenn Sie geclickt und gefüttert haben, ziehen Sie Ihre Hand kurz und schnell weg vom Hund. Sie clicken direkt für das Wegziehen der Hand erneut, also im schwersten Moment für den Hund, und reichen das Futter dann wieder schnell ans Hundemaul an. Ihr Arm macht also eine kleine Pendelbewegung: Arm wegziehen – click – Futter ans Maul anreichen – Arm wegziehen – click – Futter ans Maul anreichen. Nun müssen Sie im weiteren Verlauf die Zeitspanne erhöhen, in der Sie den Arm weghalten, und schon haben Sie ein sicheres Stoppen mit verlängerter Dauer.

Schritt 2: Stoppen ohne Futterlocken

Im nächsten Schritt ersetzen Sie die Futterlocktechnik durch eine einfache Handführung. Es kann nicht schaden, hierfür das Handtarget aus dem Kapitel „Mein Hund zieht an der Leine!" trainiert zu haben. Laufen Sie erneut rückwärts, der Hund wird an der Hand geführt. Sie geben Ihr Signal und bremsen Ihren Hund mit der Hand aus, ohne ihn zu ängstigen oder zu verletzen. Sobald der Hund stillsteht, clicken Sie und füttern anschließend behutsam ohne hektische Bewegungen möglichst exakt in der Position, in der Sie geclickt haben. Clicken Sie ruhig auch hier wieder mehrfach und greifen mehrmals in den Futterbeutel, um das längere Stehenbleiben weiter zu ritualisieren. Vergessen Sie nicht, jedes Mal ein Auflösekommando zu geben, wenn die Übung für Sie beendet ist. Verändern Sie im Lauf der Zeit Ihre Position zum Hund: Laufen Sie zum Beispiel vorwärts, läuft der Hund neben Ihnen.

Lu bleibt stehen, obwohl das Futter aus der Tasche geholt werden muss.

Schritt 3: Distanz einbauen

Bringen Sie nun für den nächsten Schritt Ihren Hund auf Distanz, indem Sie zum Beispiel ein Leckerchen wegwerfen, das der Hund verfolgen und schnappen darf. Kommt der Hund nach dem Fressen wieder auf Sie zugerannt, nutzen Sie die Chance, um ihn freundlich zum Stehen zu bewegen: Geben Sie Ihr Signal und tun Sie mit einer Armbewegung so, als würden Sie Ihrem Hund ein Leckerchen zuwerfen. Bleibt der Hund verdutzt stehen und schaut, was Sie gerade vorhatten, markieren Sie schnell, lösen das Signal auf und werfen sein Leckerchen dann tatsächlich als Belohnung hinter den Hund. So haben Sie direkt die ideale Ausgangsposition für die nächste Runde.

Später variieren Sie das Füttern und gehen nach dem Markieren langsam und ruhig auf den Hund zu. Füttern Sie ihn aus der Hand, bis Sie das Signal auflösen. Um diesen Trainingsschritt abzusichern, können Sie Ihren Hund auch auf ein Leckerchen auf dem Boden zulaufen lassen, während Sie zwischen dem Hund und dem Leckerchen stehen und versuchen, den Hund auf Ihrer Höhe zu bremsen, entweder mit dem Wortsignal oder zusätzlich mit einer Handhilfe. Belohnen können Sie mit Click und Futter aus der Hand, oder mit „Bingo" und Futter auf dem Boden.

Legt Ihr Hund sich sowieso gern hin, können Sie ein tolles Spiel mit ihm trainieren: Spielen Sie mit Ihrem Hund mit einem Zergelspielzeug und machen Sie zwischendurch immer wieder Pausen. Wenn Sie eine Pause begonnen haben, warten Sie einfach ab, was der Hund Ihnen anbietet, um weiterspielen zu können. Bietet der Hund Ihnen ein Hinlegen an, spielen Sie sofort und schnell weiter, idealerweise mit Auflösekommando und Ihrem Signal fürs Spielen-Dürfen (zum Beispiel „Pack ihn"). Wenn der Hund verstanden hat, wie das lustige Spiel weitergeht, nämlich mit Hinlegen, wird er sich immer früher und schneller hinwerfen, sodass Sie eine gute Chance haben, vor dem Hinwerfen schnell ein Wortsignal zu geben. Für viele Hunde ist das ein rascher Lernprozess, da sie selbst ein wenig mitdenken müssen und damit die Lösungsstrategie „Hinlegen" für problematische Situationen besser im Gehirn verankert ist. Aber auch diese Übung müssen Sie in kleinen Schritten und relativ systematisch generalisieren, damit sie im Alltag beim Hetzproblem gut funktioniert.

Mein Hund kann nicht allein bleiben!

Beißt Ihr Hund sich durch Wände und zerstört Ihre Inneneinrichtung, wenn Sie gehen? Oder bellt und jault er, sobald er merkt, dass er allein gelassen wird? Hunde leben gern in Sozialverbänden, und das Isoliertsein ist für sie vom Grundsatz her eine nicht erstrebenswerte Lebensart. Der Hund kann also nichts dafür, seien Sie ihm nicht böse. Viele Hundehalter berichten von mehr oder weniger schlimmen Verlassensängsten oder Frustrationsproblemen ihrer Hunde rund um das Thema Alleinbleiben! Einigen Hunden kann man durch systematisches Training noch eine ganze Menge Gelassenheit beibringen, aber täuschen Sie sich nicht, wie arbeitsintensiv dieses Problem ist. Es kann unter Umständen Monate dauern, bis sich erste sichtbare Erfolge einstellen, wenn Ihr Hund unter einer schlimmen, tief sitzenden Trennungsangst leidet. Deshalb muss ich schon an dieser Stelle darauf hinweisen, wie wichtig ein gut verknüpftes Betreuungsnetzwerk ist, um nachhaltig etwas zu verändern. Denn ist Ihr Hund immer wieder diesem schrecklichen, fast unerträglichen Stress ausgesetzt, zum Beispiel weil Sie arbeiten gehen, wird es in der Regel nicht besser werden. Suchen Sie sich im Bekanntenkreis und in der Familie Menschen, denen Sie vertrauen, oder schauen Sie sich bei den Angeboten von professionellen Hundebetreuern um. Sie müssen gewährleisten, wirklich kleinschrittig an dem Problem arbeiten zu können, damit der Hund insgesamt stabiler wird.

Grundsätzlich gilt: Heizen Sie Ihren Hund weder beim Weggehen noch beim Wiederkommen zu sehr auf. Sie müssen ihn natürlich nicht ignorieren, aber lange, hektische und emotionale Verabschiedungs- und Begrüßungsarien machen das Problem meist noch schlimmer. Zeigen Sie Ihrem Hund, dass Sie gehen, und zeigen

Sie ihm, dass Sie wieder da sind. Bei der Begrüßung hat sich ruhiges Streicheln und ruhiges Sprechen mit dem Hund bewährt. Damit baut der Hund am besten eventuelle Stresshormone ab und wird gleichzeitig nicht zu hektisch und wild.

PRÄVENTIV: ALLEINSEIN FÜHLT SICH SUUUUPER AN!

Hat der Hund noch kein sehr starkes Problem mit dem Alleinbleiben, gibt es eine Menge Tipps, die Sie ausprobieren können, um sofort gegenzusteuern. Aber auch präventiv lässt sich das Alleinbleiben systematisch von vornherein in die richtigen Bahnen lenken. Die Grundidee für den Hund hinter den Trainingstechniken soll später lauten: „Immer, wenn ich allein bleiben muss, fühlt sich das suuuuuper an und ist gar nicht schlimm!“ Sie versuchen also, die emotionale Grundhaltung des Hundes ins Positive zu verändern. Es gibt hierfür keine echten Trainingsschritte, nur eine Ideensammlung.

Ideensammlung – Hilfen beim Alleinbleiben

Fühlt Ihr Hund sich in seiner Box oder in einem abgegrenzten Teil der Wohnung/des Hauses sehr wohl und zieht sich gern dorthin zurück, kann es sinnvoll sein, ihn auch beim Alleinbleiben dort zu parken. Aber denken Sie daran, dass Ihr Hund immer frisches Wasser zur Verfügung haben muss und selbstverständlich genug Platz zum Strecken und Dehnen vorhanden sein sollte. Sie können ihn nicht über einen mehrstündigen Zeitraum in einer körpergroßen Box einsperren. Das ist tierschutzrelevant und sollte für Sie als verantwortungsvolle Hunde-Eltern nicht infrage kommen. Interessant könnte auch die Frage sein, ob es für Ihren Hund besser ist, an der Haustür zu liegen oder in einem von der Haustür abgewandten

Lane kegelt den Kong® Wobbler.

Sally beruhigt sich sehr gut beim Ausnuckeln ihres Kong®.

Raum. Sie müssen ausprobieren, ob der genaue Ort des Liegeplatzes einen Einfluss auf das Befinden des Hundes hat.

Beschäftigt sich Ihr Hund gern mit Fressbarem, können Sie kurz vor dem Verlassen der Wohnung verschiedene Kauartikel zur Auswahl für Ihren Hund auslegen. Das geht natürlich auch in Kombination mit einer Box oder einem abgetrennten Wohnungsteil.

Für das Alleinbleiben bietet sich auch hervorragend ein gefüllter Kong® an oder ein anderes Futterspielzeug. Im gut sortierten Fachhandel gibt es verschiedene Bälle, aus denen der Hund Trockenfutter herauskugeln kann, oder eiförmige Stehaufmännchen mit Löchern darin (zum Beispiel Kong® Wobbler), die der Hund umkegeln muss. Ganz exklusiv und leider recht teuer gibt es den MannersMinder® Treat and Train, der zu bestimmten Zeiten Futter ausschüttet, sodass der Hund immer wieder tolle Momente während des Alleinbleibens erlebt.

Einigen Hunden hilft es sehr, auf bestimmten Spielzeugen herumzunagen

Sally trägt in stressigen Situationen ein Thundershirt®.

oder die Möglichkeit zu haben, auf Holz herumzubeißen. Eine gute, nicht splitternde Alternative zu einem Stöckchen ist die sogenannte Torgas®-Kauwurzel. Vorausgesetzt, Sie haben die richtige Größe für Ihren Hund erstanden, kann auf dieser Wurzel herumgenagt werden, ohne dass große Stücke verschluckt werden können, und der Hund hat trotzdem das Gefühl von Holz zwischen den Zähnen.

Tipp:
Testen Sie alle Kauartikel, Futterspielzeuge, normale Spielzeuge und auch die Kauwurzel zuerst in Ihrem Beisein, um zu schauen, ob Ihr Hund sich an einem der Dinge irgendwie verletzen könnte.

Mag Ihr Hund gern Hintergrundgeräusche, um sich nicht so allein zu fühlen? Schalten Sie ihm ruhig das Radio oder den Fernseher an! Da einige Hunde die Stimmung bestimmter Filme zum Teil auch erspüren, sollte vielleicht in Ihrer Abwesenheit kein Kriegs- oder Horrorfilm laufen, aber vielen Hunden hilft es wirklich sehr, wenn dort etwas Ton und Bild vor sich hinplätschern.

Eventuell hilft es Ihrem Hund, wenn Sie ein Tuch, das Sie nachts bei sich mit im Bett liegen haben, in sein Körbchen oder in seine Box legen. Der Hund kann sich dann zu Ihrem intensiven Duft legen und fühlt sich Ihnen vielleicht näher.

Haben Sie einen Anrufbeantworter, bei dem man die Ansagen laut hört? Sprechen Sie Ihrem Hund doch zwischendurch auf Band, damit er kurz Ihre Stimme hört!

Achtung!
Einige Hunde haben dann eine solche Erwartungshaltung, dass ihr Mensch zurückkommt, dass der anschließende Frust umso größer sein wird. Auch dies testen Sie lieber erstmal in Ihrer Anwesenheit aus, oder Sie beauftragen eine Hilfsperson, den Hund während der Ansage zu beobachten.

Haben Sie schon einmal vom Thundershirt® gehört? Dieser eng anliegende Body für Hunde simuliert eine enge Berührung und kann somit ganz wunderbar helfen, Stress abzubauen. Das Thundershirt® ist in meinem Training bei Stress aller Art immer wieder im Einsatz, und es hilft bei sehr vielen unterschiedlichen Problemen: bei Gewitter- oder allgemeinen Geräuschängsten, bei Stress durch Besuch oder Veränderungen der äußeren Lebensumstände (Umzug, neue Wohnung, Ferienhaus), bei Angst vor Autofahrten und auch bei vielen Erregungsproblemen – und auch bei Trennungsstress. Auch hier gilt: Testen Sie den Body erst ein paarmal, ohne dass Sie gehen, um zu schauen, wie der Hund darauf reagiert.

Wie reagiert Ihr Hund auf Licht? Haben Sie schon einmal probiert, die Fenster abzudunkeln, vielleicht sogar die Fensterläden, Rollos oder Gardinen ganz zu schließen oder die große Box mit einem Tuch abzuhängen? Bei einigen Hunden bekommt man das Gefühl, sie schlafen wie Wellensittiche bei Abdunkelung sofort ein. Bei meiner Hündin Lane war das in den ersten Monaten die einzige Möglichkeit, nachts wenigstens ein paar Stunden schlafen zu können. Probieren Sie es aus, aber schauen Sie genau hin, denn einige Hunde stresst es schon, Sie nicht mehr sehen zu können, ohne dass Sie überhaupt gegangen sind.

Vielleicht hilft Ihnen diese Ideensammlung schon dabei, Ihren ganz persönlichen, auf den Hund abgestimmten Weg zur Angstfreiheit zu finden. Wichtig ist aus meiner Sicht, das Alleinbleiben nicht einmal pro Woche für einen längeren Zeitraum zu trainieren, sondern lieber sehr kurz und dafür relativ häufig. Ihr Hund soll über die kurzen Zeiträume von wenigen Sekunden bis Minuten merken, dass Sie immer wiederkommen und das Alleinbleiben eine völlig normale und alltägliche Sache ist.

Sie können auch beginnen, das Verlassen eines Raums zu trainieren, auch mit geschlossenen Türen, bevor Sie die Wohnung ganz verlassen.

Ein weiterer Zwischenschritt könnte sein, jemanden zu beauftragen, beim Hund zu bleiben, während Sie als Bezugsperson die Wohnung verlassen. Diese Hilfsperson könnte dem Hund die Zeit ohne Sie auch interessant gestalten: vielleicht mit kleinen Futterspielen oder anderen angenehmen Dingen.

ECHTER TRENNUNGSSTRESS IST EIN PROFIPROBLEM

Bevor Sie sich nun fragen, zu welcher Kategorie Ihr Hund gehört (leichtes Problem? heftiger Trennungsstress?), rate ich Ihnen gleich vorab dazu, sich per Videokamera ein Bild von dem Problem zu verschaffen. In der Regel können meine Klienten mir sagen, dass der Hund irgendetwas kaputt gemacht hat oder die Nachbarn Bescheid gesagt hätten, dass der Hund gebellt hat. Wie es aber Ihrem Hund geht, wenn er allein ist, können die wenigsten Kunden wirklich sicher sagen. Eine Videoaufnahme ist da wirklich sehr aufschlussreich und kann auf jeden Fall weiterhelfen.

Versuchen Sie sich beim Anblick des Videos in den Hund hineinzuversetzen, und schauen Sie auf seine Gestik, seine Mimik, seine Körpersprache. Sieht Ihr Hund etwas missgelaunt aus? Oder steht er kurz vor einer Panikattacke? Läuft Ihr Hund unschlüssig auf der Suche nach etwas Abwechslung von einem Raum zum nächsten? Oder versucht er, hektisch auf die Fensterbänke zu springen, um zu gucken, wo Sie sein könnten?

Haben Sie das Gefühl, Ihr Hund hat ein echtes Problem, holen Sie sich unbedingt positiv arbeitende, fachkompetente Hilfe und bringen Sie Geduld mit. Bis zum ersten Trainingserfolg helfen Ihnen dann nur Ihr gut ausgebautes Betreuungsnetzwerk und das Mitnehmen des Hundes, denn jegliche strafbasierte aversive Maßnahme macht den Stress für Ihren Hund schlimmer. Eine nette und gleichzeitig schnell greifende Variante des Alleinbleiben-Trainings habe ich bisher noch nicht gefunden.

Mein Hund knurrt und beißt!

Das gefährlichste Problem im Umgang mit Hunden ist das ungehemmte Beißen. Diese nicht zu unterschätzende Gefahr muss unter Kontrolle des Menschen stehen, damit niemand zu Schaden kommen kann. Bevor wir also näher auf das Problem, die Ursachen und auch die Trainingsvorschläge eingehen, steht deshalb hier an allererster Stelle das Maulkorbtraining, um zu gewährleisten, dass der Hund überhaupt trainiert werden kann, ohne jemanden zu gefährden.

Auch mit Hunden, die nicht beißen, kann man das Anlegen des Maulkorbs positiv trainieren, denn irgendwann kann fast jeder einmal einen Maulkorb gut gebrauchen, sei es bei der Bahnfahrt oder nach schwerer Verletzung beim Tierarzt. Hunde, die unter Schmerzen stehen, können ihr normales freundliches Verhalten gegen den reflexartigen Mechanismus, einfach alles von sich fernzuhalten, eintauschen und damit eine echte Gefahr für den behandelnden Arzt, das Hilfspersonal und den eigenen Hundehalter darstellen.

Ich verwende im Training gern den UltraMuzzle® von Baskerville, der dem Hund das Trinken, das Fressen (von Leckerlis) und das ganz normale freie Atmen ermöglicht. Kann der Hund eines von diesen Dingen mit dem Maulkorb nicht tun, bekommt er mit hoher Wahrscheinlichkeit sehr großen Stress, aus dem schnell Angst um das eigene Leben werden kann!

„Safety First" – Maulkorbtraining

Schritt 1: Trainingsvorbereitung

Rufen Sie sich und Ihrem Hund zuerst das Handtarget aus dem Kapitel „Mein Hund zieht an der Leine!" in Erinnerung. Fragen Sie die Übung mehrmals in einem ganz einfachen Kontext ab, so wie der Hund sie bisher gelernt hat. Der Maulkorb kann dafür schon einmal griffbereit in der Nähe liegen und nach einigen Wiederholungen in das Training mit einbezogen werden. Sie können zum Beispiel in der einen Hand den Maulkorb und den Clicker halten und die andere Hand als Target und zum Leckerli-Geben benutzen. Später tauschen Sie die Hände und benutzen die Hand als Target, die den Maulkorb hält, die andere Hand ist für das Clicken und Füttern zuständig. Sie müssen jeden kleinen Teilschritt oft wiederholen, eventuell sogar über mehrere Trainingseinheiten hinweg.

Schritt 2: Wo muss die Nase hinein?

Im nächsten Schritt versuchen Sie, den Maulkorb so in Richtung Hundenase zu halten, dass der Hund auf direktem Weg seine Nase hineinstecken könnte. Das Handtarget platzieren Sie nun geschickt vom Hund aus gesehen hinter dem Maulkorb, sodass der Hund, um zum Target zu kommen, seine Nase in den Maulkorb stecken muss. Findet der Hund den „richtigen" Weg zum Target – er muss das Target nun nicht mehr direkt berühren –, markieren Sie sofort und versuchen auch das Futter nach dem Markieren durch den Maulkorb anzureichen.

Wir spielen wieder mit zwei Belohnungsmomenten: Der erste ist der Marker, der zweite das Futter. Beide sollten für den Hund ihre Wirkung exakt in der Zielposition entfalten, um dem Hund zu beweisen, wie toll es ist, einen Maulkorb auf der Nase zu haben.

Funktioniert die Übung ein paarmal gut, können Sie versuchen, das Verweilen der Nase im Maulkorb zu verlängern. Clicken Sie nicht sofort, wenn die Nase im Maulkorb steckt, sondern sagen Sie andauernd ruhige, belohnende Worte. Zieht der Hund dabei seine Nase wieder

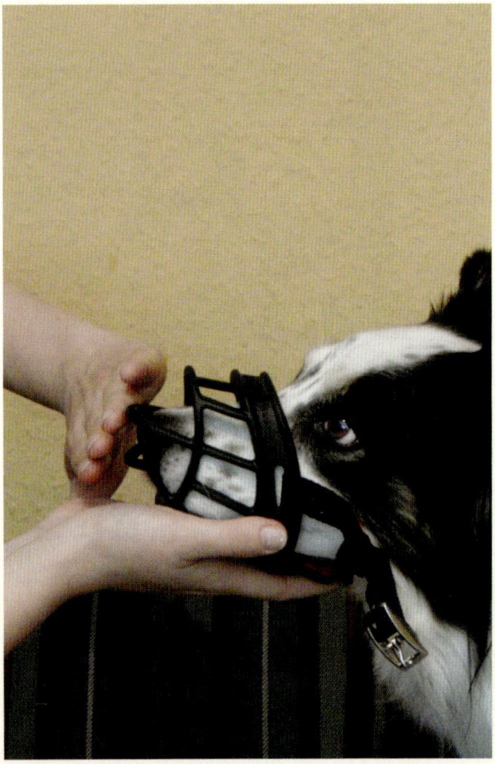

Man clickt in dem Moment, in dem der Hund seine Nase durch den Maulkorb zum Handtarget steckt …

… und füttert auch durch den Maulkorb.

heraus, stoppen Sie Ihre verbalen Belohnungen sofort. Er wird dann wahrscheinlich überlegen, wie er erneut eine Belohnung erhalten kann, und vermutlich die Nase wieder hineinstecken. Loben Sie ihn wieder kontinuierlich mit ruhigen Belohnungsworten, um dann bei kleiner Verlängerung der Zeitspanne endlich markieren und durch den Maulkorb hindurch füttern zu können. Das Loben mit der Stimme wirkt dabei wie ein Keep-Going-Marker und der Hund lernt schnell, worum es geht. Verlängern Sie schrittweise die Dauer auf etwa eine Minute oder mehr. Dabei hält der Hund natürlich relativ still, da Sie den Maulkorb ja noch in der Hand halten.

Hat er eine Idee entwickelt, wie toll der Maulkorb auf der Nase ist, versuchen Sie, das Handtarget auszuschleichen. Halten Sie nach einigen regulären Wiederholungen dem Hund den Maulkorb hin, ohne das Handtarget dahinter zu platzieren, und fordern Sie Ihren Hund dann auf, ein Verhalten anzubieten. Dies können Sie am einfachsten durch motivierende Ansprache erreichen, zum Beispiel mit: „Action! Los geht's! Du darfst jetzt! Versuch´s mal allein!" Steckt der Hund seine Nase auch ohne das exakt platzierte Handtarget freiwillig hinein, markieren Sie sofort wieder und füttern durch den Maulkorb. Idealerweise nimmt der Hund den Kopf nach dem Markieren nicht mehr heraus, sodass Sie immer wieder in derselben Position clicken und füttern können.

Schritt 3:
Umbinden und allein tragen

Im dritten Schritt vervollständigen Sie nun das Bild des wahnsinnig tollen Maulkorbs für den Hund. Er soll den Maulkorb nun allein tragen, und Sie müssen ihn dafür zubinden können. Halten Sie den Maulkorb auffordernd in Richtung Hund, sodass der Hund die Nase hineinstecken kann. Sobald er die Übung wie gewohnt zeigt, fangen Sie mit Ihren ruhigen Lobworten an und versuchen, dabei die Hände langsam an den Verschlussmechanismus zu bewegen. Reden Sie unbedingt immer weiter, damit der Hund weiß, dass er mit dem Stillhalten auf dem richtigen Weg ist. Schließen Sie die Bänder und Schnallen, markieren Sie sofort und füttern durch den Maulkorb. Sie dürfen gern großzügig clicken und belohnen, damit der Hund lernt, dass das Gefühl vom umgebundenen Maulkorb das allertollste der Welt ist.

Entfernen Sie den Maulkorb vorsichtig wieder während Sie kontinuierlich ruhige Lobworte aussprechen. Der wichtigste Grundstein ist damit gelegt. Die Zeit können Sie, wie gewohnt, über mehrere Wiederholungen verteilt verlängern.

Anschließend geht es um Bewegung. Der Hund soll lernen, dass man auch mit aufgesetztem Maulkorb gehen, laufen und fressen kann. Jede neue Komponente, die Sie einführen, clicken und belohnen Sie anfangs großzügig. Im weiteren Verlauf clicken Sie weniger oft, sprechen dafür aber wieder lobend und ruhig mit Ihrem Hund. Üben Sie so lange, bis Ihr Hund mit Maulkorb genauso lustig und fröhlich durchs Leben geht wie ohne.

GRUNDLEGENDE GEDANKEN ZU AGGRESSIONSVERHALTEN

Hunde werden nicht böse geboren, sondern haben in der Regel ein großes Problem, wenn sie sich genötigt fühlen, zu knurren oder zu beißen. Wenn Sie also versuchen, Ihren Hund mit Strafe daran zu hindern, machen Sie das Problem für ihn nur schlimmer. Sie sorgen dafür, dass er sich noch elender fühlt, und vor allem zeigen Sie ihm, dass auf Sie als Hunde-Eltern in stressigen Situationen kein Verlass ist. Welch traumatische Erkenntnis für den Hund!

So ausgiebiges Drohen wird nicht bestraft, denn sonst beißt der Hund beim nächsten Mal eventuell direkt zu. (Foto: Monika Lukas)

Überlegen Sie also genau, welches Problem Ihr Hund haben könnte, und arbeiten Sie an den dahinterliegenden Emotionen. Halten Sie Ihren Hund von den größten Stressauslösern fern, und tasten Sie sich zum Beispiel mit der Click-für-Blick-Technik (siehe Kapitel „Mein Hund pöbelt Artgenossen an!") langsam an das Gegenkonditionieren der schlechten Emotionen heran. Scheuen Sie sich nicht, dem Hund für das Ertragen von schlimmen Situationen unendlich viel Futter zu verabreichen, und pendeln Sie von den Auslösern dabei immer wieder weg, um dem Hund zu zeigen, dass Kontakt nicht sein muss.

Bei Problemen zu Hause sollten Sie sichere Zonen für den Hund schaffen. Beißt Ihr Hund auch Sie selbst, überlegen Sie, ob Sie möglicherweise bedrohend auf ihn wirken könnten. Bestrafen Sie vor allem nie die Ankündigung von Aggression, also zum Beispiel das Knurren oder Hochziehen der Lefzen, da Ihr Hund sonst beim nächsten Mal direkt zuschnappt, ohne es anzukündigen. Im Gegenteil: Ich belohne meinen Hund sogar intensiv für das Drohen, denn droht der Hund zuverlässig, kann ich wenigstens sehen, dass irgendetwas gerade für ihn überhaupt nicht okay ist.

Im Idealfall bringen Sie Ihren Hund im Lauf des Trainings gar nicht erst in die Situation, knurren und drohen zu müssen. Aber selbst wenn Sie doch einmal einen Schritt zu weit gegangen sind, brauchen Sie keine Angst davor zu haben, ins Knurren hineinzuclicken. Sie können das Knurren nicht verstärken, also den Ist-Zustand verschlimmern. Das liegt daran, dass Hunde Drohverhalten nicht als bewusstes Verhalten absichtlich zeigen, wenn sie in großem Stress sind. Es ist ein reines Ausleben ungünstiger Emotionen, sodass Click und Futter weiterhin positiv wirken, um die Emotionen zu verändern. Dem Hund geht es besser, also muss er gar nicht drohen. Emotion gut – alles gut! Im Zweifelsfall führt kein Weg an einem positiv trainierenden, kompetenten Trainer als Unterstützung vorbei.

PRAXISBEISPIEL: DER HUND KNURRT UND SCHNAPPT BEIM BÜRSTEN UND BEI ANDERER KÖRPERPFLEGE

Viele Hunde finden es sehr unangenehm, wenn wir als Menschen bei ihnen bestimmte Körperpflegemaßnahmen durchführen wollen. Was auch immer genau der Grund dafür ist, mithilfe unseres Trainings kann der Hund lernen, diese Maßnahmen als äußerst angenehm zu empfinden. Mag der Hund Körperpflege, hat er es auch nicht nötig, Sie zu beißen. Will der Hund das Gleiche wie wir, haben wir kein Problem, das eskalieren könnte. Kleinschrittiges Training ist bei dieser Übungssequenz sehr wichtig. Lassen Sie sich Zeit, Ihrem Hund jede neue Bewegung und jeden neuen Gegenstand schönzuclicken.

Basisübung 5 – „Fass mich an, ich will Kekse!"

Schritt 1: Einfache Berührungen mit der Hand

Beginnen Sie vorerst ohne Hilfsmittel wie Bürsten oder Handtücher, einfache Berührungen mit der Hand zu trainieren. Ihr Hund steht, sitzt oder liegt neben Ihnen, sodass er Sie nicht als Bedrohung empfindet. Beugen Sie sich also nicht unbedingt über ihn, sondern hocken Sie sich lieber auf den Boden und drehen den Kopf ein wenig zur Seite weg vom Hund.

Sie berühren ihn nun mit der Hand an einer Stelle, an der es der Hund nicht sofort gruselig findet. Wenn Ihre Finger den Hund erreichen, müssen Sie mit dem Clicker genau diesen Moment markieren. Anschließend können Sie ausgiebig belohnen.

Klappt dies ein paarmal ohne Zwischenfall, versuchen Sie, direkt das nächste Ziel anzusteuern: berührt werden und gleichzeitig stillhalten! Clicken Sie also nicht sofort für den Moment der

Pepe wird erst vorsichtig mit der Hand berührt und geclickt.

Später lässt er sich ohne Probleme die Pfoten kontrollieren.

Berührung, sondern halten Sie die Hand so lange ruhig am Hund, bis dieser kurz stillhält. Diesen Moment, selbst wenn er nur eine Sekunde dauert, markieren Sie sofort. Verlängern Sie die Dauer nach Belieben.

Berühren Sie den Hund nun an unterschiedlichen Stellen: an solchen, die er sowieso okay findet, bis hin zu solchen, von denen Sie wissen, dass das Training dort etwas schwieriger wird. Fangen Sie an, die Ohren zu kontrollieren oder auch in das Hundemaul hineinzuschauen. Wenn Sie Ihrem Hund beim Verlängern des Stillhaltens helfen möchten, können Sie ruhige Lobworte sprechen, die wieder wie ein Keep-Going-Marker wirken können.

Schritt 2: Unbekannte Gegenstände mit einbeziehen

Variieren Sie nun Ihr Training. Berühren Sie Ihren Hund nicht mit der Hand, sondern suchen Sie sich einen für den Hund neutralen Gegenstand, zum Beispiel einen Kugelschreiber. Verfahren Sie aber ansonsten analog zu Schritt 1: Erst jede kurze Berührung sofort clicken, dann gleichzeitig auf das Stillhalten achten.

Schritt 3: Arbeit mit Körperpflegeutensilien

Nutzen Sie im nächsten Schritt die Gegenstände, die Sie tatsächlich zur Körperpflege brauchen. Fangen Sie bei jedem Gegenstand mit kurzen Berührungen an, um dann langsam die Bewegung auszuführen, die Sie zu Körperpflegezwecken ausführen müssen. Haben Sie zum Beispiel eine Bürste, bewegen Sie sie vorsichtig einen Zentimeter durchs Fell. Je nach Gegenstand sehen die Bewegungen unterschiedlich aus. Verlängern Sie die Intensität und die Dauer.

Wann ist Hilfe vom Profi nötig?

Es ist keine Schande, sich einzugestehen, dass man bei einem Problem allein nicht weiterkommt, selbst wenn man schon viele Hunde vorher hatte, die alle gut erzogen waren. Hunde sind Individuen, und manchmal braucht man einen Schubs von außen, um auf die zündende Idee zu kommen. Wann immer Sie das Gefühl haben, Ihr Hund stellt eine Gefahr für Sie und/oder die Umwelt dar, kontaktieren Sie einen erfahrenen, positiv arbeitenden Trainer. Auch wenn Sie an einem bestimmten Punkt über Wochen und Monate nicht weiterkommen, müssen Sie etwas verändern. Falls Sie keine Idee haben, was genau Sie ändern könnten, kann der Blick eines Dritten wahre Wunder wirken.

Es gibt auch sehr häufig Fälle in meiner Hundeschule, in denen eine körperliche Ursache für Problemverhalten vorliegt. Hat ein Hund zum Beispiel starke Schmerzen, die vielleicht nicht sofort für den Menschen erkennbar sind, wird er sicherlich etwas ungnädiger mit seiner Umwelt umgehen. Weitere Beispiele für körperliche Ursachen von Problemverhalten sind Einschränkungen der Sinnesorgane, Hormon- und Stoffwechselprobleme, Organschäden oder diverse Krankheiten. Das bedeutet für Sie, dass auch der Gang zum Tierarzt oder Naturheilkundler bei der Lösung Ihrer Probleme helfen kann. Zusätzlich zu fachlich fundiertem Training hat sich bei mir im Traineralltag auch die Tierakkupunktur bewährt.

Ich wünsche Ihnen, dass Sie mit diesem Buch viele Lösungsansätze erhalten, möchte aber vor gefährlichen Selbstversuchen ausdrücklich warnen. Im Zweifelsfall gilt immer: Safety first!

ANHANG

Zur weiteren Information

INTERESSANTE WEBLINKS:

http://www.jobs-for-dogs.de
http://www.tanzende-hunde.de
http://www.blauerhund.de

ZUM WEITERLESEN:

Burow, Inka:
Das große Handbuch Clickertraining. Positive Bestärkung erklärt von A-Z.
Schwarzenbek: Cadmos, 2014.

Franck, Rolf C. und Madeleine:
Das Blauerhund®-Konzept 1. Hunde emotional verstehen und trainieren.
Schwarzenbek: Cadmos, 2011.

Franck, Rolf C. und Madeleine:
Das Blauerhund®-Konzept 2. Hunde emotional verstehen und trainieren - Praxis Familienbegleithund.
Schwarzenbek: Cadmos, 2011.

Franck, Rolf C. und Madeleine:
Das Blauerhund®-Konzept 3. Hunde emotional verstehen und trainieren - Agility und Obedience.
Schwarzenbek: Cadmos, 2011.

Horst, Harmke:
Hundetraining mit der Futtertube. Effektiv im Alltag, erfolgreich im Sport.
Schwarzenbek: Cadmos, 2013.

(Foto: Shutterstock.com/dwphotos)

Stichwortregister

CADMOS HUNDEBÜCHER

Inka Burow

Das große Handbuch Clickertraining

Alles Wissenswerte zum Thema Clickertraining für Hunde auf einen Blick: Das als Enzyklopädie angelegte Buch enthält neben einer ausführlichen Einführung in das Thema die komplette Theorie der positiven Bestärkung. Dieser Teil ist nach Stichworten alphabetisch sortiert. Der Praxisbezug wird durch Fallbeispiele und Anleitungen zum Nachmachen hergestellt.

144 Seiten, gebunden · ISBN 978-3-8404-2029-0 e book

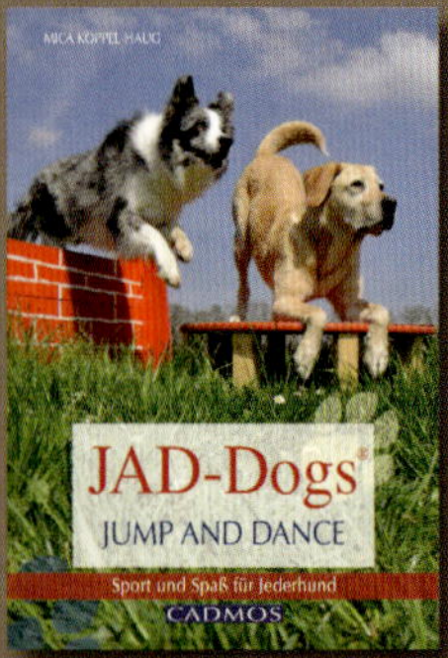

Inka Burow/Denise Nardelli

JAD-Dogs® Jump and Dance

JAD-Dogs ist die neue Hundesportart, die Elemente aus Dogdance, Agility und Tricktraining perfekt miteinander vermischt. Die Idee ist genial: Einzelne Agility- und spezielle JAD-Dogs-Geräte werden in einem großen Longierzirkel platziert, durch den der Vierbeiner von seinem Menschen in der Kreismitte geführt wird. Dabei arbeitet der Hund abwechselnd an den Geräten, zeigt Tricks und Bewegungen zur Musik.

160 Seiten, farbig, Klappenbroschur
ISBN 978-3-8404-2025-2 e book

Nicole Röder

Hundetraining mit Spaß

Wie beschäftige und trainiere ich meinen Hund am sinnvollsten? Viele Hundehalter stehen bei dieser Frage vor einem großen, unüberschaubaren Berg unterschiedlichster Methoden. Verschaffen Sie sich mit diesem Buch einen Überblick, wie Hunde lernen und welche Möglichkeiten es gibt, die Grunderziehung und weitere Ausbildung Ihres Hundes erfolgreich und mit viel Spaß zu gestalten.

80 Seiten, farbig, Klappenbroschur
ISBN 978-3-8404-2509-7 e book

Rolf C. und Madeleine Franck

Das Blauerhund®-Konzept I

Das Blauerhund®-Konzept I setzt da an, wo veraltete Ansichten zur Beziehung zwischen Hund und Mensch auf eine echte Alternative warten. Blauerhund® steht dabei für Freundschaft und Fairness im Mit einander, aber auch für Gelassenheit und Coolness, die ein Hund braucht, um problemlos die Anforderungen des Alltags zu meistern. Ein Buch über praktische Trainingsgestaltung und effektive positive Trainingsmethoden.

128 Seiten, gebunden
ISBN 978-3-8404-2007-8

Harmke Horst

Hundetraining mit der Futtertube

Ein Praxisratgeber über den Einsatz eines modernen Hilfsmittels im Hundetraining: der Futtertube! Nach einer leicht verständlichen Einführung in die für das Training mit der Futtertube relevanten Grundlagen der Arbeit mit positiver Verstärkung wird Schritt für Schritt der Aufbau der einzelnen Übungen beschrieben und – ganz wichtig – es wird erklärt, wie man über den richtigen Belohnungsabbau eine Abhängigkeit vom Locken verhindert.

80 Seiten, Klappenbroschur
ISBN 978-3-8404-2506-6 e book

e book auch als E-Book verfügbar

www.cadmos.de

CADMOS

Cadmos Verlag GmbH
Möllner Straße 47 · 21493 Schwarzenbek
Tel. 04151-87 90 7-0 · Fax 04151-87 90 7-12